.

最極致的服務最賺錢

最賺錢

麗池卡登、寶格麗、迪士尼都知道
服務要有人情味，讓顧客有回家的感覺

EXCEPTIONAL
SERVICE,
EXCEPTIONAL
PROFIT
The Secrets of Building a Five-Star
Customer Service Organization

Leonardo Inghilleri 李奧納多・英格雷利
Micah Solomon 麥卡・所羅門
著

陳琇玲
譯

Exceptional Service, Exceptional Profit: The Secrets of Building a Five-Star Customer Service Organization.
Original English language edition copyright ©2010 Leonardo Inghilleri and Micah Solomon.
Complex Chinese translation copyright © 2013 by EcoTrend Publications, a division of Cité Publishing Ltd.
Published by arrangement with HarperCollins Focus, LLC.through Big Apple Agency,Inc.
ALL RIGHTS RESERVED

經營管理 102

最極致的服務最賺錢
麗池卡登、寶格麗、迪士尼都知道，服務要有人情味，
讓顧客有回家的感覺

作　　　者	李奧納多‧英格雷利（Leonardo Inghilleri）、
	麥卡‧所羅門（Micah Solomon）
譯　　　者	陳琇玲
責 任 編 輯	林博華
行 銷 業 務	劉順眾、顏宏紋、李君宜

總 編 輯　林博華
出　　版　經濟新潮社
　　　　　104台北市中山區民生東路二段141號5樓
　　　　　電話：(02) 2500-7696　傳真：(02) 2500-1955
　　　　　經濟新潮社部落格：http://ecocite.pixnet.net
發　　行　英屬蓋曼群島商家庭傳媒股份有限公司城邦分公司
　　　　　104台北市中山區民生東路二段141號11樓
　　　　　客服服務專線：02-25007718；25007719
　　　　　24小時傳真專線：02-25001990；25001991
　　　　　服務時間：週一至週五上午09:30~12:00；下午13:30~17:00
　　　　　劃撥帳號：19863813　戶名：書虫股份有限公司
　　　　　讀者服務信箱：service@readingclub.com.tw
香港發行所　城邦（香港）出版集團有限公司
　　　　　香港九龍九龍城土瓜灣道86號順聯工業大廈6樓A室
　　　　　電話：(852) 25086231　傳真：(852) 25789337
　　　　　E-mail: hkcite@biznetvigator.com
馬新發行所　城邦（馬新）出版集團 Cite (M) Sdn Bhd
　　　　　41, Jalan Radin Anum, Bandar Baru Sri Petaling,
　　　　　57000 Kuala Lumpur, Malaysia.
　　　　　電話：(603) 90563833　傳真：(603) 90576622
　　　　　E-mail: services@cite.my
印　　刷　漾格科技股份有限公司
初 版 一 刷　2013年3月7日
二 版 一 刷　2018年5月15日
二 版 九 刷　2024年1月22日

城邦讀書花園
www.cite.com.tw

ISBN：978-986-96244-2-8　　　　　版權所有‧翻印必究

定價：350元

〈出版緣起〉
我們在商業性、全球化的世界中生活

經濟新潮社編輯部

　　跨入二十一世紀，放眼這個世界，不能不感到這是「全球化」及「商業力量無遠弗屆」的時代。隨著資訊科技的進步、網路的普及，我們可以輕鬆地和認識或不認識的朋友交流；同時，企業巨人在我們日常生活中所扮演的角色，也是日益重要，甚至不可或缺。

　　在這樣的背景下，我們可以說，無論是企業或個人，都面臨了巨大的挑戰與無限的機會。

　　本著「以人為本位，在商業性、全球化的世界中生活」為宗旨，我們成立了「經濟新潮社」，以探索未來的經營管理、經濟趨勢、投資理財為目標，使讀者能更快掌握時代的脈動，抓住最新的趨勢，並在全球化的世界裏，過更人性的生活。

　　之所以選擇「經營管理—經濟趨勢—投資理財」為主要目標，其實包含了我們的關注：「經營管理」是企業體（或

非營利組織）的成長與永續之道；「投資理財」是個人的安身之道；而「經濟趨勢」則是會影響這兩者的變數。綜合來看，可以涵蓋我們所關注的「個人生活」和「組織生活」這兩個面向。

這也可以說明我們命名為「經濟新潮」的緣由——因為經濟狀況變化萬千，最終還是群眾心理的反映，離不開「人」的因素；這也是我們「以人為本位」的初衷。

手機廣告裏有一句名言：「科技始終來自人性。」我們倒期待「商業始終來自人性」，並努力在往後的編輯與出版的過程中實踐。

目 次

服務密技　目次

讓服務變成你的專業

所謂的顧客關係管理（Customer Relationship Management，簡稱CRM），很強調數量、速度和「效率」，這樣說在理論上似乎說得過去，但真正重要、而且對企業具有策略價值的，其實是忠誠度（loyalty），也就是顧客忠誠度和員工忠誠度。企業若是不懂得建立這些忠誠度的祕訣，就算創新能力再強也會舉步維艱。企業可以隨心所欲地處理資料，為廣大顧客群建立檔案，但實際上，企業有授權員工遇到狀況時自行判斷嗎？如果沒有，員工感到前途無望時，就會選擇離開。在這種情況下，不管企業提供的產品和服務有多創新、多麼受人讚揚，到最後，顧客、股東和其他利害關係人也會紛紛求去。

上門時有人笑臉相迎、親切協助，這種實實在在的服務

人人都想要。但是，並非每家企業都知道怎麼做到這一點。問題就出在，這些原則未必能輕易上手，通常還跟現代經營實務背道而馳，而且需要有人指點迷津。

這正是本書的出版宗旨，它也是第一本全面闡述這些原則的書，這些原則幫助我們為麗池卡登飯店（Ritz-Carlton）贏得兩次美國國家品質獎（Malcolm Baldrige Award），現在又指引我們打造嘉佩樂（Capella）和索利斯（Solis）這兩個飯店品牌。我們也把這些原則應用到西培思顧問公司（West Paces Consulting）服務的廣大客戶，這些客戶來自各行各業，從餐飲服務業到汽車配件業都有，可見這本書介紹的原則各行各業都適用。

這本書還有一個獨特之處就是，以創業和服務的非凡成就聞名的作者之一麥卡‧所羅門，從二十一世紀科技日新月異的觀點，為大家闡述服務之道。

我們採用的待客之道，其基本原則是集各家之大成。有些原則可以追溯到亞當‧斯密（Adam Smith）那個時代，而大多數原則主要是反映出我們對處理員工關係和培訓的看法，還有許多原則跟已為人接受的理念有關，只不過以一種新的架構呈現，比方說：戴明（W. Edwards Deming）、朱蘭（Joseph Juran）和克勞斯比（Philip Crosby）這些品管大師的觀念，就是我們待客之道的基本原則。

　　把這些理念融合在一起可說是一大創舉，你在本書裏看到的精彩內容，讓你可以為自家企業重新定位，不論是大企業或小公司，都能以理想的個體經營者為原型，複製他們取得的小規模但價值非凡的成就，那就是：真正了解你的顧客，讓他們繼續上門惠顧。

　　這些觀點突破傳統，不是每個人都做得到。

　　當我們講到執行長應該親自主持新進人員的職前講習時，我們是認真的。當我們說絕不能為了降低產品成本而損害顧客利益時，我們是認真的。當我們說你要迅速站在顧客的立場，不然就會錯失良機時，我們是認真的。當我們說你要做好服務但你不是一個僕人時，我們也是認真的。這些都是革命性的宣言，透過改革企業本身的管理體系和服務創新，企業就能受益無窮。

霍斯特‧舒茲（Horst Schulze），
西培思飯店集團董事長暨執行長，
麗池卡登飯店集團前總裁暨營運長

成為市場中唯一的商家

　　現在，你能幫自家企業做一件最棒的事，這件事跟新技術、規模經濟或先發優勢都無關。

　　這件事更簡單。

　　這件事更可靠。

　　你能幫企業做的最棒一件事就是，建立真正的顧客忠誠度，一次一位顧客慢慢來。

　　當顧客對企業忠誠時，一切都會改變。對真正忠誠的顧客來說，你就是市場中唯一的商家，顧客的眼裏沒有其他品牌和商家。這種情況就跟人們陷入熱戀一樣，忠誠顧客的眼裏只有你。

　　但是，真正明白顧客忠誠度有多麼可貴的企業寥寥無幾，懂得如何建立顧客長久忠誠度的人更是少之又少。然

而，不管是大企業或小公司，只要懂得建立顧客忠誠度，就能創造大筆財富，讓企業穩當經營。景氣好時，擁有忠誠顧客的企業比其他企業更迅速成長；景氣不好時，擁有忠誠顧客的企業有更多喘息的空間。

基本上，建立忠誠顧客就是要花時間了解每位顧客，然後利用簡單的系統將你對他們的了解，轉變成長久的商業關係。這樣一來，你提供的不只是一種商品，而是把整個交易轉變成一種私人關係。

現在，企業面臨的最主要威脅是，顧客認為你提供的只是一種可替代、可交換的商品。這種危險會波及你所採取的每項行動：不管現在貴公司的優勢有多麼牢不可破，不論是技術優勢、地理優勢或品牌優勢，最後你的經營模式都會失效。而且，在這個加速變遷的時代，這件事可能來得比你預料得還要快。

要避免這種商品化的威脅，就要建立持久忠誠又有人情味的顧客關係。這才是避開遭市場淘汰的最穩當做法。

而且，這樣做也能讓企業獲得龐大報酬。

學會建立忠誠顧客，讓作者英格雷利參與經營的公司產生了徹底的變化，這些公司包括麗池卡登飯店、寶格麗（BVLGARI）、華特迪士尼公司（Walt Disney Company），以及由英格雷利與合作夥伴共同打造的新飯店品牌——嘉佩

樂飯店（Capella）和索利斯飯店（Solis）。

　　對你的企業來說，培養忠誠顧客的原則同樣適用，這些原則簡單實在，又可以複製到任何企業，不是只在精品業才用得上，而是各行各樣都能善加運用的實戰策略。

　　作者所羅門就運用這些培養忠誠顧客的原則，讓自己在地下室創辦的小公司，變成了一家知名的高成長企業。當初，所羅門只靠一張信用卡借款，創立這家以製造和娛樂服務為主的小公司。他用這套方法將自己創辦的綠洲唱片公司（Oasis），打造成業界的翹楚，還引起媒體關注，《成功》（Success）雜誌和賽斯‧高汀（Seth Godin）的暢銷書《紫牛》（Purple Cow）都以他的企業做為個案研究的對象。綠洲唱片公司能這麼快就成功，是因為當你按照我們講的這些原則和方法對待你的顧客，顧客就會對你忠誠。

　　後來，英格雷利和所羅門將這種培養忠誠顧客的做法廣泛應用到各行各業：從聲譽卓著的法律事務所、餐廳、銀行到有機花卉農場；從旅遊業者、獨立唱片公司、會議中心到醫院。而且，顧客忠誠度讓這些企業都獲得豐厚的報酬。

　　更棒的是，運用這些原則得到的不只是財務報酬。當你開始建立顧客忠誠度，你會對你的專業感到自豪，你的誠信跟你在職場和家中建立正向關係的能力也會隨之提升。這是自然而然的事，因為贏得顧客忠誠度的過程牽涉到關心你的

顧客、尊重他們、時刻為他們的需求著想。花點時間關心顧客，也能讓你的個性變得更好。

　　建立顧客忠誠度需要下功夫和思考周全，但它也是一個相當直接的過程。雖然事業經營有許多方面不在你的掌控中，比方說匯率、緊張的國際關係、技術變革都不是你能掌控的，但是建立忠誠顧客這個最重要的流程，只要遵循一套穩固可靠的規則，就能讓企業贏得死忠顧客。而且企業一旦精通這些規則，之後就能一勞永逸、得心應手。

　　我們很樂意為您服務，告訴您該怎麼做。

第 1 章

梯子上的工程師
——達到服務的最高境界

　　假設你是某家飯店集團的經理。在旗下的一間飯店，有位維修工程師正在更換大廳天花板的燈泡，他從眼角的餘光看到一名女士帶著兩個兒子，正從游泳池那邊走來。這位女士身上裹著毛巾還邊走邊滴水，手裏拿著好幾個袋子，手忙腳亂地想打開大廳的門，露出相當懊惱的表情。站在梯子上的工程師察覺到這位女士的窘境，急忙放下手中的工具爬下梯子，穿過大廳，面帶微笑地幫這位女士開門。

　　「歡迎夫人回飯店，」工程師這麼說。「我來幫您拿袋子，您覺得我們的泳池怎麼樣？兩個小傢伙玩得開心嗎？您要去幾樓？」他按下樓層鍵，走出電梯，回到先前的工作梯上。

　　我們在研討會中跟高階主管和經理人講述這個故事時，通常大家當下的反應是嫉妒：「要是我的員工能做到這種服務水準，我一定欣喜若狂。」這是最典型的反應。「顧客表達需求，『我的』員工會積極做出回應，」一名經理這樣說，「他不會說『這不關我的事』，而是趕緊跑過去幫忙。這種員工最棒了。」

　　確實是這樣：我們都看過更糟的狀況。但是，這個故事還是有很多令人不滿意的地方，因為在這種情況下，服務是被動的：這位女士不得不手忙腳亂地去開門，所以她會露出不滿的表情，讓工程師做出反應。想要贏得顧客的忠誠，被

動式的服務成效不彰；要想迅速建立顧客忠誠度，企業必須
採取更好的做法。

　　要是你本人、你的制度及公司內部各階層員工都能預
先設想顧客的需求，學會在顧客還沒表達需求，甚至還沒
意識到有某種需求前，就先做出反應，這時，奇蹟就會發
生。這就是只回應顧客要求的制式服務，跟透過前瞻式
（anticipatory）服務建立顧客忠誠度，兩者之間的區別所在。

職責 vs. 目的

　　現在我們換一種情況來說：要是當時梯子上的工程師看
到那位帶著小孩、手忙腳亂的媽媽從泳池回來，他心想：
「我平常的職責是換燈泡、粉刷天花板和修水管，但我在這
裏的原因，我的目的是要協助公司為顧客創造難忘的體
驗。」明白這一點，他馬上會從梯子上下來，在那位女士還
沒有費力抓著門把或不得不敲門引人注意前，就先過去幫她
開門。

　　在你的領導下，維修工程師受到啟發，現在已經提供實
實在在的服務，能夠預先設想顧客的需求。工程師出手協助
的時機是唯一可以衡量的變化，但這小小的變化卻能創造出
極大的差異！在那位女士（顧客）還沒有表達需求前，這名

員工預先設想到顧客的需求，他這樣做就顧及到顧客遭遇的特殊狀況，也展現出對顧客個人的禮遇。

這種特殊服務就是贏得顧客忠誠度最可靠的途徑，在後續章節，我們會介紹如何把這種服務變成公司各階層都習以為常的規矩，而不是偶爾為之的特例。

說到這裏，或許你心裏有些疑慮。

或許你懷疑你公司的維修工程師或其他階層的員工，能不能這麼駕輕就熟地預先設想到顧客的需求。我們會教你該怎麼做，並告訴你為什麼員工可以做到，也會去做。

或許你懷疑自家企業是否負擔得起這麼高水準的服務。如同我們的一位學員所說：「在英格雷利經營的其中一家五星級度假飯店，我或許能看到這種服務。但是在所羅門那種自己獨力創辦的公司裏，所羅門一個人怎麼能達到那樣的服務水準？至於我自己的公司，我只要求維修人員待在梯子上做好份內的事，我就很感恩了！」

其實對所有企業來說，建立一流的服務體系都具有成本效益：因為這麼做是以系統化的做法從事顧客服務會產生的必然結果。而且，這種服務馬上就能為企業帶來很大的好處。

從要緊的步驟說起

　　在開始探討如何透過前瞻式服務建立最重要的忠誠顧客之前，我們希望你先了解一個更基本的初始步驟，那就是：先讓顧客滿意再說。我們先從這個要緊的步驟說起。

第 2 章

顧客滿意的四大要素

──完美的產品、細心周到的服務、
服務及時有效、有效的問題解決流程

在還沒有把客服的基本概念研究好之前，學習更專業的進階課程意義並不大。同樣地，企業必須先符合某些前提條件，才能進一步學習如何提供一流的服務，以建立顧客忠誠度。

企業必須先做好的事情是，能滿足顧客的最基本期望；也就是說，要學會讓顧客滿意。

滿意的顧客會是什麼樣子呢？這種顧客覺得貴公司提供的解決方案很不錯，如果有人問起，他們會幫你說好話。不過，雖然他們覺得你的公司不錯，卻還沒有成為你公司品牌的忠實支持者，而且跟真正忠誠顧客不同的是，這種顧客還是有可能被其他企業拉走；一個僅僅是滿意的顧客仍然是自由的，還在市場中到處探索。

他們還在尋尋覓覓。

儘管如此，讓顧客滿意卻是建立真正顧客忠誠度的基礎之一。而且幸運的是，顧客滿意度是以下面這四項可預測的因素為基礎。要是企業能隨時提供顧客這四大要素，就會讓顧客覺得滿意：

1. 完美的產品
2. 服務人員細心周到
3. 服務及時有效

……再加上（因為前三項因素都有可能出狀況）

4. 以有效的問題解決流程做支援

完美的產品

顧客想要完美無瑕的產品和服務，所以你在設計產品或服務時必須考慮到，產品或服務在可預見的範圍內能具備完善的功能。

當然，有時候事情難免會出錯，你的產品和人員有時會因為一些料想不到的情況而搞砸。但是，在顧客看來，粗心大意或不完備的產品設計或服務設計，都是無法容忍的。

假設你正在替一家叫做Stutterfly的照片沖印網站配置人員。根據你的經驗，每接獲一百張相片的訂單，就需要一位印前技術人員。現在，假設你想做好準備，隨時可以承接一千張的相片訂單，你需要幾位技術人員呢？十位嗎？也許。但是，「設計完美」的答案應該充分考慮到人員缺勤、或突然請假，以及休假等因素，也就是你要預先設想到，讓你無法派出十位技術人員處理訂單的任何一種合理情況，全都要考慮在內。此外，你的「完美設計」還必須包括為這些技術人員準備好完成工作所需的一切用品、工具、資源和資訊。

當然，有時難免會發生意料不到的事：十名技術人員

中，可能有六名人員在同一天晚上感冒了，或者一場大地震摧毀造紙廠，讓你拿不到空白相片紙，無法完成訂單。我們都知道，意外總是可能發生。

　　但是，你必須把產品或服務設計到臻至完美——預先設想到所有可能發生的情況。

服務密技>

在設計時，要把可能發生的狀況考慮進去

　　我們都知道，讓飛機起飛並抵達目的地是一項既複雜又充滿變數的工作。理性的乘客都可以理解這個「產品」（就跟目前市場上大多數產品一樣，其實都是產品和服務的結合）不時會出點毛病。但是，設計本身的缺陷不能拿來當作藉口。問問經常搭飛機出差的人，紐約拉瓜迪亞機場在星期五下午五點以後的班機，有準時起飛過嗎？（或許是我們運氣特別差，我們還在等待這個時段的班機第一次準時起飛的體驗！）換句話說，這項服務在可預見的範圍內，是設計好要出問題的。這樣一來，顧客當然無法滿意。

服務人員細心周到

在設計出完美的產品後,現在就需要由細心周到又親切友善的人員,將產品提供給顧客。想像一下,產品和服務流程如何完美搭配,會決定顧客的滿意度。我們就以亞特蘭大哈茲菲爾德－傑克森國際機場,做為故事背景吧。現在,想像你在這座機場裏,櫃台前排著長長人龍,你多希望自己不必趕在感恩節的前幾天來換機票:在用繩子圍起來的彎曲隊伍中,人們正在等候五位櫃台人員中的其中一位替他們辦理手續。等著等著,終於要輪到你了。現在你排在隊伍最前面,耐心等候櫃台人員為你服務。

這時,你聽到什麼?

「下一位!」

嗯。當你一步步走向櫃台,你發現櫃台人員還沒處理完之前的工作。

於是你站在那裏,等她忙完前一筆交易。

櫃台人員終於停止敲擊鍵盤,看著你,簡短地說:「什麼事?」

你回答說:「我臨時改變計畫,我可以把這張票換掉,改飛華府杜勒斯國際機場嗎?」

「嗯……」

　　櫃台人員確認你的證件後，把登機證給你，連看都沒看你一眼。

　　「下一位！」

　　你拿著登機證通過安檢，搭上飛機，飛機安全著陸，準時抵達目的地。所以，你得到一個完美的產品：在任何人看來，這個產品可說是百分之百完美無瑕的產品。

　　但是，你覺得滿意嗎？

　　當然不滿意。

　　好吧，現在我們換另一種情況來說。同樣的機場，同樣曲曲折折的人龍，排在你前面的那些人也一樣。你終於又排到最前面，你安靜地等待其中一名櫃台人員招呼你。

　　「麻煩下一位旅客到這個櫃台，請問有什麼需要幫忙？」（你走上前去。）

　　「先生早安，謝謝您耐心等候，您好嗎？」

　　「還不錯，謝謝。你好嗎？」

　　「很好。今天有什麼需要我幫忙嗎？」

　　「我臨時改變計畫，我要改飛華府的杜勒斯國際機場。」

　　「很高興為您服務，我聽說這個週末華府的天氣還不算太糟。您是要回家過感恩節嗎？」

　　「不，只是出差。但是出差後馬上趕回家過節。」（櫃台人員看過你的證件後，把登機證交給你。）

「您還需要什麼服務嗎？」

「不需要，這樣就行。」

「那就祝您旅途愉快。」

「謝謝。」

「感謝您搭乘我們的班機。」

你覺得這種互動如何？很棒，對吧？這種互動讓我們感受到，即使只是跟其中一名細心而友善的員工打交道，我們也會覺得跟這家公司買東西很開心。

現在，你通過長長的安檢隊伍，抵達登機門，卻發現登機證上寫著達拉斯，而不是杜勒斯。

嗯……現在你還覺得滿意嗎？

當然不滿意——要是產品或服務有瑕疵，不管服務多麼周到，你也不會滿意。

服務及時有效

在iPhone和即時通盛行的世界裏，服務及不及時是由顧客說了算。就算產品很完美、服務人員也細心周到，但是產品或服務沒有及時奉上，就跟產品有瑕疵沒什麼兩樣。

通常，顧客會依據以往的經驗對產品寄予某種期望，所以對於及時服務的標準就愈來愈嚴苛。現在顧客所認定的及

時服務，不但比上一代所能接受的標準更高，甚至比五年前也高得多。

亞馬遜網站（Amazon.com）嚴格的供應配送鏈，把網路服務的及時服務標準提高了，但事情還沒有結束：亞馬遜網站迅速交貨的網路服務，也讓顧客跟著提高對實體商店服務的期望。其實對大多數實體商家來說，特別為上門的顧客訂貨這種做法早就過時了，要是顧客來了發現店裏沒有他要的東西，就會自己上網購買。

現在的顧客愈來愈沒有耐性，只有需要訂製某種產品時，才會耐心慢慢等待，這些東西通常是商家特地為個別顧客而訂做的，比方說工藝品、櫥櫃、或是一餐美食。事實上，一些真正依照顧客需求訂製的產品，如果太快交貨，反而會讓顧客覺得品質欠佳或是懷疑那不是特別訂製的。所以，祕訣就是：了解顧客對於「及時」的定義，遵照顧客的定義，而不是你自己的定義。

服務密技>
重新設定你無法滿足的顧客期望

假設你是一位律師，客戶打電話來並留言提出他的要求。你毫不遲疑，開始著手研究尋求種種答案。四天

後，你自豪地拿出一份經過仔細推敲、認真研究的意見報告，卻發現客戶火冒三丈！為什麼？這傢伙究竟怎麼了？難道他不知道這個案子有多複雜嗎？

其實，事情不是這樣。你的客戶認為你是法律專家，他希望你能迅速答覆他的問題。可是，你卻花了整整四天的時間才回覆他。

要是你清楚客戶對你的期望，你一開始就會致電給客戶並說：「比爾你好，我是傑尼，謝謝你提出的要求。這問題很複雜，我需要幾天時間好好研究一下，我這週末給你意見，我很快會再跟你聯絡！」你應該先跟客戶說一聲，重新設定對方的期望，免得像現在這樣喪失了客戶對你的信心和信任。等到你終於可以回覆顧客時，你應該讓顧客感激你所付出的辛勞。這種對回覆時限設定明確期望的做法很簡單，奇怪的是很少人這麼做。下次你可以試試看這種做法。

以有效的問題解決流程做支援

當服務出狀況或顧客遇到其他問題時，正好是公司跟顧客「搏感情」的最關鍵時刻。因此，妥善處理這些問題就能

對你的事業產生事半功倍的效果。這就是為什麼你需要一個有效的問題解決流程。

「有效的解決問題」聽起來不是很難達成的目標,「抵達登山基地」聽起來也是這樣,直到你發現自己攀登的是北美第一高峰德納利峰(Denali)時,才知道眼前的任務實在很難。為什麼會這樣?因為問題解決流程是否「有效」,不是取決於是否將情況恢復原狀,而是取決於能否重新讓顧客滿意。

這件事可能難度很高,但卻很值得去做。有效解決服務問題,顧客就更可能成為忠誠顧客,比一開始沒遇到問題時更死忠於你。(我們的研究和實務經驗證明這項說法百分之百正確。)為什麼會這樣?因為只有在出問題時,顧客才能看到我們竭盡所能地為他/她服務。我們當然不會建議你故意犯錯,這樣你就能精心策劃,把產品或服務補救得完好如初,也能從中贏得一些顧客的青睞。不過,你在處理問題時若能牢記這一點,倒也能從困境中看到一線曙光。

我們會在第四章詳細闡述「有效解決問題」這項主題,尤其是「如何處理服務失敗」這個問題非常重要,值得多花篇幅深入探討。但是,在此之前,下一章我們要先討論語言這個基本工具,因為不管你為顧客做了多少事,要是你不用適當的語言跟他們溝通,他們永遠不會感激你為他們的付

出。顧客如何體驗你的產品和服務，語言就是關鍵所在，也是品牌的一項關鍵要素。所以，接下來我們就好好探討，怎樣善用語言，擄獲顧客的心。

第 3 章

語言的魔力
——每個字都很重要

　　或許貴公司比較在意行銷活動中使用的語言，而忽視了員工跟顧客面對面交談時所用的語言。其實這樣做是不對的，因為顧客通常不是依據那些高尚的品牌活動，決定對貴公司印象的好壞。他們主要是從跟貴公司人員的日常交談，決定對貴公司的印象，也依據這個印象跟別人介紹你的公司。

　　在構成顧客滿意度的所有要素中，語言可說是這些要素的基礎，舉例來說：

> ➢ 除非你用恰當的語言向顧客描述產品，否則顧客根本無法體會到產品有多麼完美。
> ➢ 如果用詞不當，就算心腸最好、技術最棒的員工也可能讓顧客心生不滿。
> ➢ 當你提供的服務失敗了，適當的措詞或許是最好的補救措施。

　　如果你還沒有多加考慮、慎選並管控貴公司的語言，也就是你的員工、招牌、電子郵件、語音信箱、網路自動回應系統，該對顧客說什麼及絕對不能說什麼，那麼現在你應該立刻開始做。

建立一致的語言風格

　　除非公司能在內部各階層建立起符合品牌形象的顧客溝通風格，否則你的品牌就不完備。因此，你應該在這方面好好下功夫，達成一致的服務用語風格。

　　公司上下有一致且獨特的服務用語風格，當然不是一蹴可幾的事。你需要做好「社交工程」（social engineering），也就是給予員工有系統的訓練。舉例來說，假設你為即將開幕的高級珠寶精品店，挑選十名前途可期的業務人員，你讓這些人穿著制服並搭配時尚髮型，也鼓勵他們在開幕當天擔任你自家品牌的代言人。但是，他們在跟顧客溝通時，卻跟在自己的家裏講話沒兩樣，這樣對嗎？也就是說，你必須訓練他們，用不同的說法跟顧客溝通，才能為企業建立一致的品牌形象。

　　令人開心的是，為公司全體同仁精心策劃一種語言風格，剛好是讓大家同心協力的一種正向體驗。如果你做得對，就算你不硬性要求，全體同仁也會樂意配合。一旦組織全體成員都了解為什麼要使用這套語言準則，大家就會把這件事當成要努力克服的一項挑戰，而不是想到就煩的阻礙。改善顧客關係和讓大家為完成使命引以為傲，是很值得一做的事。結果，我們的客戶發現，跟公司同仁推銷這套做法其

實很簡單。

　　以下就是這些客戶建立一致語言風格的實際做法。

制定推薦用語和詞彙表

　　為了幫忙推出麗池卡登（Ritz-Carlton）這個豪華飯店品牌，曾任總裁兼營運長的霍斯特・舒茲（Horst Schulze）跟他帶領的團隊決定，要制定一套跟顧客溝通時使用的適當用語，並且訓練員工使用這套用語。經常使用特定詞彙也有助於讓員工建立共識，一起打造飯店特有且眾所公認的「麗池風格」，比方說：「為您服務是我的榮幸」（My pleasure）、「馬上辦」（Right away）、「當然沒問題」（Certainly），以及我自己最喜歡的這句話「很抱歉，今晚無法為您服務」（We're fully committed tonight）。（意思就是：「小兄弟，我們都客滿了。」）要注意的是，推薦用語和詞彙表要避免以下字眼：各位（folks）、嘿（hey）、你們這些傢伙（you guys）、以及好吧（Okay）。

　　（在二十一世紀，麗池風格的用語已在飯店餐飲業中盛行，所以我們很容易輕忽這種對服務用語的刻意選擇。麗池風格受到同業群起仿效，是基於幾個不同的原因：一則是競爭對手之間會互相模仿；一則是美國已故才子威廉・薩菲爾

〔William Safire〕等人在主流媒體上報導這個現象，而讓麗池風格聲名大噪；另外則是因為麗池卡登飯店訓練出來的精英到其他公司任職，就刻意或不自覺地把老東家的用語引進新公司。）

我們建議你採用跟麗池卡登飯店類似的做法，但未必要用這種帶有英國鄉間莊園色彩的用語。你可以研究一下哪種用語最適合貴公司跟自家顧客溝通，並找出應該避免的不當措詞。為員工制定一份簡單的詞彙表或一本用語手冊，讓員工可以在工作上隨時學習參考。在詞彙表中，你要列出最佳推薦用語，以及在各種常見狀況中該避免的措詞。

整理一本語言手冊，這項工作其實很簡單，不需要具備語言學位就能做到，但卻需要有先見之明、實驗精神和對人性做一些深思。以下，我們就以作者所羅門為例，看看他在替自家公司設計用語手冊時，挑選哪些適當用語和不當用語（有關所羅門創辦綠洲唱片公司的更多實例和情境，詳見附錄A）：

不當用語：「你欠了……」
適當用語：「我們的紀錄顯示您尚有帳款未清……」
不當用語：「你必須……」（這樣講會讓某些顧客心想：「小兄弟，我什麼事也不必做，我可是你的顧客！」）

適當用語：「我們發現如果您……，效果通常最好。」

不當用語：「請稍候。」

適當用語：「可以請您稍等一下嗎？」（接著確實傾聽來電者如何回應。）

不同行業、不同顧客、不同地方，適用的詞彙表是不一樣的。在波特蘭的Bose音響店裏，店員大可以說「沒問題」（No worries!），因為這個行業和這個城市不打官腔。不過若是米蘭四季飯店（Four Seasons）的門房這麼說，聽起來就很怪異。

善用措詞讓顧客覺得自在，這不是操弄顧客

不管你做哪一行，務必記住避免使用任何高傲或強硬的措詞，有時這類語言顯而易見，有時卻隱而不明，在此舉一些例子說明：

略帶冒犯：在非正式生意場合，如果顧客問到：「你好嗎？」你回答：「我很好，」從語法來說沒什麼不對，但是這樣回應或許不是最好的選擇。顧客聽到這句完全「正確」的回應，可能馬上意識到自己的語法掌握得不好。如果你教導員工選用其他更為親切的方式來回應，結果或許會更好，比方

說你的員工可以回應顧客：「我過得很好！」或者「好極了！」（當然最重要的是緊接著問候顧客：「您今天早上好嗎？」）

略帶強硬：某家知名的牛排館規定員工在安排客人入座時要詢問顧客：「您今晚想喝點什麼？要瓶裝水、礦泉水或氣泡礦泉水？」我們認為這樣說的意思是，我們不可以選擇免錢的白開水。

（幾乎每家餐廳都會遇到這種情況，究竟該用哪種方式詢問更好呢？如果說：「您要冰水還是瓶裝水？」會比較好嗎？或者，換成下面這種問法，可以讓服務生有機會先跟顧客打好關係，順便推薦一些特色餐點。幾年前，朋友在芝加哥開的餐廳，就教導服務生這樣詢問顧客：「您要瓶裝水或是戴利市長喜歡的優質飲用水？」）

我們相信在大多數行業，這種具有麗池卡登風格的「要這樣講、別那樣講」的用語指南，能讓企業有效提高顧客滿意度，也有助於讓員工凝聚成一個團隊。要是你覺得為員工制定某些特定用語或詞彙太制式化（或太勞師動眾），至少你該考慮制定「禁用詞彙表」，列出不該使用的一些關鍵用語。

在給紐約餐廳業者和飯店老闆授課後，我們把禁用詞彙

表稱為「丹尼‧梅爾做法」（Danny Meyer approach）。梅爾覺得給員工列一張表，規定他們該說什麼，這樣做讓人感覺不太好，但他會毫不猶豫地禁止員工使用某些讓他聽來刺耳的措詞，比方說：「這傢伙真好騙，我們還要整他嗎？」❶

　　禁用詞彙表可以寫得簡短明瞭、簡單易學。當然，隨著時間演變，也會出現一些有問題的新詞彙。最好的做法就是，像《連線》（*Wired*）雜誌更新「新術語」（Jargon Watch）專欄那樣，經常更新貴公司的詞彙表。

在跟顧客打招呼、道別及有狀況發生的這些關鍵時刻，善用語言的力量

　　在這些關鍵時刻，最能讓顧客強烈感受到你的服務態度，所以要好好發揮語言的力量。知名社會心理學家伊莉莎白‧羅芙特斯（Elizabeth Loftus）證實，人類在儲存記憶時，會將本身的情感體驗徹底簡化，人腦通常只會保存每種情況中最鮮明的印象，其他的事就被遺忘。❷

　　所以，你要善用語言在關鍵時刻創造出鮮明的記憶，比方說在跟顧客打招呼時（特別真誠親切）、道別（為購物體驗畫下完美的句點）、在服務失誤進行補救時（要更客氣委婉）。

服務密技>

背景不同和文化差異就會引起問題

　　心理學家發現兩個人聽同樣一段對話，可能對於說話者產生截然不同的印象。或許你注意到職場中這種事屢見不鮮：你認為同事吉姆似乎友善親切，但瑪格麗特卻認為吉姆是阿諛奉承的小人。

　　怎麼會這樣？文化差異是一大主因，社群會隨著時間演變發展出自己的一套假定、傳統和價值觀，也就形成本身特有的文化。因此，不同文化背景的人會以不同的方式解讀你的行為，因為他們所屬社群有自己的假定、傳統或價值觀。當你跟不同國家的人打交道，甚至是跟自己國家但不同次文化的人打交道時，就可能因為文化差異而產生特別不好的印象。我們建議貴公司若要妥善管理這種風險，就要深入了解顧客的文化背景，也要精通跨文化的溝通。這方面有一些很棒的書能助你一臂之力，例如：布魯克斯·彼得森（Brooks Peterson）的著作《文化智商》（*Cultural Intelligence: A Guide to Working with People from Other Cultures*, Intercultural Press, 2004）。

　　特別要注意的是：你要彈性運用文化差異的新知

識，也要知道每個人未必認同自身的文化假定、規範或價值觀——個性或家庭背景可能是決定個人價值觀的更有力因素。在這本書裏你會再三聽到，我們建議你把顧客當成個體而非群體，這個核心原則也適用於跨文化溝通。

有時沉默才是上策：亞帝・布科原則

影集《黑道家族》（*Sopranos*）中的悲喜劇角色亞帝・布科（Artie Bucco），原本是一位成功的餐廳老闆。不過，後來餐廳營運開始慢慢出狀況，最後他的老婆莎曼不得不告訴他，問題究竟出在哪裏：其實，客人上門是想跟朋友一起吃吃喝喝，不是想跟老闆打交道。對客人來說，那是他們跟朋友共處的特別時光，不希望被布科打擾，布科卻拿自以為重要的事打斷客人的談話，當然把客人趕跑了。布科跟客人打交道時從來沒意識到這一點，要是他懂得察言觀色，聽懂顧客的言外之意，就能跟老婆一樣了解客人的真正想法。

你要讓組織所有成員知道傾聽的重要，學會察言觀色，配合顧客的興趣和心情，做出適當的回應。

而且要練習，有時沉默才是上策。

語言有其侷限

顯而易見的線索和肢體動作，可能比語言更具殺傷力。所以，務必讓服務人員的用語跟非語言的訊息達成一致，不要出現以下狀況：

> ➤ 服務人員開口說「歡迎光臨」，肢體語言卻好像要叫人「走開！」。

> ➤ 在顧客上門時，跟顧客直接接洽的員工卻坐在椅子上背對著顧客，或者就算員工面對顧客，也「很有效率地」忙著打電腦，沒在該招呼顧客的地點迎接顧客上門。

> ➤ 進入辦公大樓的坡道阻礙重重或大門笨重很難打開。（想想看，這對坐輪椅、有關節炎或推娃娃車的顧客來說，有多麼不方便。）

> ➤ 連小東西都上鎖，讓顧客覺得受到冒犯，比方說：在四星級飯店，竟然把開酒器用防盜鍊栓上以免被偷，實在很可笑。

真的是這樣，最近我們出差入住飯店的高檔客房時，就發現開酒器上有一個像自行車般的鍊條栓在小冰箱上。務必確定貴公司沒有這樣做，因為顧客會從這些小地方發現自己

不受信任；若是貴公司目前就是這樣做，那麼要贏得顧客的信任，讓顧客報以忠誠，可是一大難事。

直接帶路而不是口頭指引方向

別只是口頭上為顧客指引方向，這樣會讓顧客感到困惑，也記不住究竟該怎麼走，結果反而讓顧客心神不寧。當顧客詢問去哪裏要怎麼走時，最好的方式就是直接為顧客帶路。

英格雷利在倫敦經營的頂級度假村嘉佩樂（Capella），許多富商名流搭乘私人飛機入住度假村，他們跟我們一樣都有生理需求，都要上廁所。英格雷利說：「我們不會跟客人說，『下樓到大廳後右轉，走十五呎後再左轉』。我們會為客人帶路，直到看見廁所為止，接著我們就會離開。」嘉佩樂度假村訂定明確的服務標準：「護送賓客直到他們搞清楚方向或已經看到目的地。」

這項黃金法則已經廣為其他頂級服務組織所接受。根據曾在知名主廚湯瑪斯・凱勒（Thomas Keller）榮獲米其林四顆星餐廳Per Se當過領班的菲比・丹若許（Phoebe Damrosch）所言，凱勒的第二十條準則就是：「客人問起化妝室在哪兒時，切勿口頭指引方向，要直接為客人帶路。」

（丹若許也提到一項我們自己從沒經歷過的連帶效應，她說：有些男客人似乎搞錯了，誤以為她打算跟他們一起進入男廁協助。「我心裏總是嘀咕著，先生，您留在桌上的十八分錢的小費，可沒包含這種服務。」❸）

電話及網路溝通指南

➤ 這是我們對過濾來電的建議：千萬別這麼做。就是別這麼做！而且，盡量別讓公司任何同仁、任何部門過濾來電。

這或許是我們提出的最不受歡迎的構想，客戶第一次聽到這項建議時，通常直接告訴我們，我們瘋了！（你也不喜歡這項建議，對吧？）但是根據經驗證實，光是這個改變就能大幅提高顧客滿意度，而且這樣做還能讓公司效率跟著提高。

過濾來電有什麼問題嗎？不讓對方有開口講話的機會，根本是最快趕跑潛在顧客和生意夥伴的做法。要是有人想跟你說話，就讓他說吧。如果你不是他要找的人，你可以很客氣、趕緊將來電轉給其他人。這樣做的效果有多好，絕對讓你大吃一驚。

　　如果你真的有必要過濾來電怎麼辦？（或許你是亞馬遜網站的執行長傑夫・貝佐斯〔Jeff Bezos〕，即使你不是他們要找的人，但潛在賣家不會給你片刻安寧，他們會不停地打電話來。）這時，你至少要制定一個考慮周全、顧及來電者感受的來電過濾方案：

　　不恰當的過濾：「你哪位？」（不管前面有沒有勉強加個「請問」。）「他知道你為什麼打電話來嗎？」「你打電話來是想幹嘛？」

　　恰當的過濾：「我當然會轉告，我可以告訴貝佐斯先生是哪位打電話給他嗎？」（事實上，來電者不一定非要找貝佐斯。但這樣說既不會惹惱對方，又顧及對方的感受。就算要跟貝佐斯說上話其實要經過層層關卡，但這樣講卻不會讓人有這種感覺。）

　　而且，人有嘴巴就要善用嘴巴的功能。我們兩位跟在工作中認識的一些最優秀企業主，都不會過濾來電。而且回顧歷史，許多業界巨頭，包括沃爾瑪百貨（Wal-Mart）創辦人山姆・沃爾頓（Sam Walton）在內，都是不管誰來電都接聽。（山姆過世幾年後，沃爾瑪就宣佈「減少顧客接觸」這項官方計畫，其中一部分就是連提供給網路顧客最基本的

800免費客服電話都停用了。我們可以想像，山姆要是知道此事，一定在棺材裏氣得跳腳。）❹

➤ 想「在電話裏好好談」，必須先接聽電話！別只顧著把話說對，前提條件也要顧好。把握好電話鈴響的次數：響一次或兩次就接聽最好，千萬不要等鈴聲響過三次後才接聽。

這樣做的原因是：電話鈴響三次後，大約過了十二秒的時間，來電者會變得焦慮。響了五、六聲沒人接聽，會很沮喪；響了八、九聲還沒人接聽，會很生氣。響了十幾聲還是無人應答，當然火冒三丈，直接掛斷電話。所以，你必須跟員工把這些原因說清楚，這樣他們才會樂意支援「電話鈴響三聲內接聽」的原則，也理解到這樣做能大幅減少顧客的焦慮。

這種迅速回應顧客的做法也適用於網路世界，我們接下來要講的事看似理所當然，但請耐心聽我們說，我們在這方面發現的問題還真不少。你確定貴公司網頁上的「索取資訊」表格，在顧客填妥後確實被寄送到承辦單位嗎？如果是，承辦人員有迅速回覆這些表格嗎？或許你會驚訝地發現，因為顧客填寫上的錯誤，這些表格最後都下落不明。或者更糟糕的是，表格在整個流程的某個環節受到延誤，幾天

後承辦人員才將整批表格一併回覆——在網路上，這種時間間隔顧客根本無法接受。這種服務上的失敗在當下或許無法察覺，到最後卻會以阻礙企業成長的形式顯現出來。

　　其實，企業可以精心策劃「實證有效」的測試系統，讓技術人員善用這種系統，防止這類問題發生，這一點相當重要。但是除了技術檢測以外，你還可以利用「現狀查核」這種簡單做法當成輔助工具，覺得不放心就隨時檢查一下：把自己當顧客，事事都親身體驗一下，三不五時查看一下，別把一切視為理所當然。善用這種「不輕信任何人」的做法，你就能成為極少數真正懂得從顧客觀點改善服務體系的管理者。

➢　在網路上，你要以自己的方式證明，顧客可以得到有人情味的服務。許多商家把網路技術當成一種矇騙手段，讓顧客以為能得到個人化的服務。結果造成顧客對客服的負面印象，讓客服人員跟網路顧客一對一接洽時，還受到顧客的高度懷疑。你可以想辦法把這些負面期望轉變成你的優勢，利用顯而易見的做法讓顧客感受你的貼心服務。以下我們舉幾個例子說明：

➢　如果你要大量寄發電子報，就要建立一個讓顧客馬上能跟貴公司服務人員溝通的方式。假設有六萬人要求每月

收到所羅門自動寄發的電子報，你是其中一位，你試著回覆電子報，看看誰會跟你聯繫？答案是：所羅門本人會跟你聯繫（請看後續說明，所羅門如何做到這一點，每天還能把其他工作做好）。再比較一下其他網路商家的電子報，在開頭和結尾常常是諸如此類的話：

「請勿回覆此郵件。」

對顧客來說，這句話聽起來就像是：

「顧客，現在別講話：我們正忙著數你給的鈔票，別讓我們分心！」

不管貴公司跟顧客的通聯系統有多完善、效率多高或技術多麼「準確」；如果這套系統讓貴公司顯得冷冰冰，像個機器人似的，那麼你和顧客的關係也會岌岌可危。

➤ **如果你的網站有「線上聊天」功能，務必表明有客服人員貼心服務。**就算你指派最優秀專業的員工負責線上聊天，如果客服人員不報全名，你的服務也會大打折扣。因為客服人員再怎麼親切貼心，假如只是透過鍵盤打出一行「你好！我是 X 公司的客服人員珍，」根本無法和網路顧客建立長久關係。顧客會認為「珍」只是一個公司客服人員的統稱——甚至只是電腦程式！企業拿事先設計好的建議回覆給顧客，當然會惹惱顧客，沒興趣再

收到這類資訊。顧客會有這種懷疑不是貴公司客服人員「珍」的錯，錯在許多企業都用這種制式做法，讓顧客有成見。所以，最簡單的補救辦法就是請客服人員報出全名。

➢ 在按下「傳送」按鈕前，務必確保每封郵件一開始就要給人留下好印象。信的開頭一定要有稱呼（「親愛的」、「您好」等等）。所以，郵件中要記得寫上稱呼，我們認為就算寫上「嗨！馬克」，也比冷冰冰的一個名字「馬克」要好（不過，這當然要根據業務正式程度和關係熟稔程度而定）。試試這項簡單的規則，你會發現貴公司跟網路顧客之間的關係開始慢慢升溫。

服務密技＞
讓大量寄送的電子郵件多點人情味

　　如果你有六萬名顧客的電子郵件清單，你真的能抽出時間一一回覆顧客的來信嗎？所羅門就做到了。他發現這件事其實不像聽起來那麼可怕，而且建議你也試試看。他告訴大家：

　　要求我每月寄送電子報或銷售資訊的顧客，其實大

都不需要跟我親自溝通。所以，如果他們對當月推出的哪些產品有興趣，他們只要點選自動連結按鈕。不過，要是有人對我們的服務不滿意，或想請我贊助青少年棒球聯盟購置球衣的費用，我覺得應該讓他們能直接找到我，不必經過幾番周折。因為我希望我能讓他們放心，我們會認真解決這個問題或是馬上找人幫他們解決。這就是為什麼我要確保客戶點擊「回信」或「跟所羅門聯絡」等選項後，電子郵件可以直接寄送給我的原因。

　　這樣做花不了我多少時間，只有少數人會使用這個選項，而且不管你的網路供應商怎麼跟你說，在電子郵件中設計這種選項其實並不難。

補救！

——扭轉服務失敗的局面

服務難免會出問題，比方說：一場冰風暴讓你錯過船運，無法趕上顧客的交貨期限；服務生把盤子掉在客人的膝蓋上；電腦系統突然當掉；某個重要人員突然曠職，你又找不到人代班。

其實，這一切看似再糟不過的局面，卻是讓你逆轉情勢、贏得顧客忠誠的大好機會。

服務出問題會讓顧客不舒服，所以你必須培訓員工如何做好補救措施。不過，你會發現在這種最糟糕的時刻，其實潛藏著某種機會，也就是把顧客拉近的機會。事實上，如果你能學會在服務出狀況時做好補救，就對建立忠誠顧客大有幫助。接下來，我們就告訴你該怎麼做。

義大利媽媽的做法

我們針對服務補救所採取的做法，就是以義大利媽媽呵護小孩的那種方式為依據。想像一下，溺愛小孩的媽媽看到正在學走路的小孩跌倒了：

> 喔，我的寶貝，怎麼會發生這種事！唉呀，你的膝蓋破皮了，寶貝，媽媽親親，不痛不痛。我們來看電視，好嗎？這支棒棒糖給你吃，媽媽用繃帶幫你包紮傷口！

　　除了那些哄小孩的話之外，這正是我們建議你在服務出問題時應該有的反應。

　　你覺得這種反應方式很陌生嗎？你會這麼想也難怪，因為大多數服務業者的做法似乎都採取所謂的「法庭式」做法：

　　我們把這個狀況的事實釐清一下，跌倒發生時，走道上的坡度有多大？膝蓋碰到水泥地時，跌倒者有穿適當的保護衣物嗎？而且，我必須問：小傢伙，你是不是在走道上跑來跑去才跌倒的？

成功補救服務的四個步驟

　　對服務業者來說，要改掉這種跟訴訟律師一樣的做事習慣實在很難。要讓你的員工改掉法庭式作風，並且確保他們不再故態復萌，就要讓他們在服務出問題時，將以下這些特定步驟按部就班地做好：

1. 道歉並請求原諒。
2. 跟顧客一起檢查投訴的問題。
3. 解決問題並繼續跟催進度：最好在20分鐘內解決問題，不然就在20分鐘內聯絡顧客報告進度。問題解

決後還要繼續跟催進度，表現出你仍關心此事並對顧客表達感激。

4. 詳細記錄出現的問題，以便發現其中的規律性，把這項缺點徹底根除掉。

接著，我們就逐一介紹這些步驟。

步驟1：道歉並請求原諒

要展現誠意，親自向顧客致歉，而不是機械式地道歉。你可以利用很多創意十足又訴諸感性的道歉方法，充分表現你對顧客所經歷的一切深感遺憾。

你必須知道顧客想從你的道歉中得到什麼——他想得到你真心的傾聽，想知道你是真的感到抱歉，想知道你認為他是對的——至少大致上是這樣。顧客想知道你認真看待他的意見。

總之，他希望感覺到你很重視他。

這表示要讓顧客接受你的道歉，挽回顧客對你的好感，關鍵是一開始就要表明你會站在顧客這邊，支持顧客的看法。

服務密技>

先把員工安撫好

自家員工第一次聽到你會站在顧客這邊時，別期望他們會高興。（員工反而會在心裏嘀咕：「老闆會責備我嗎？她真的相信那個笨蛋的一面之詞？」）你要跟員工解釋，同情甚至誇大顧客的感受常常是必要的。以客觀立場，顧客或許對，或許不對；但不管怎樣，你會偏袒顧客，因為顧客最大，顧客不上門，公司就發不出薪水給每位員工。

這就是人性，你要經常跟員工反覆強調這一點。

跟顧客道歉時，要特別注意道歉的方式，因為不真誠的道歉會疏遠顧客。在服務出問題時，你很可能會急忙裝出一副很抱歉的模樣，其實卻急著在想如何辯護。所以，為了保護企業與顧客之間的關係，你要懂得察覺虛偽的道歉，讓自己跟員工都能在服務出問題時，真誠地向顧客致歉。

虛偽的道歉可能很難察覺，有時你必須仔細回想才會發現，就拿「請接受我的道歉」這個相當簡單的句子來說，如果這句話是匆忙說出口，而且口氣很冷淡，那麼聽起來就像是命令對方：「你已經接受了我的道歉，所以這件事就到此

為止，不必在這裏糾纏不清了！」

再舉一個很棒的例子說明虛偽的道歉：「如果您說的是對的，我當然道歉。」（意思是：親愛的顧客，您說謊。）

還有，接下來這種說法也不算道歉：「聽您這麼說，我很抱歉。我們有非常好的接待人員，所以聽到您說不滿意，我感到很驚訝。」（意思是：「如果您跟她都處不好，那麼沒有人跟您處得來。」）

讓顧客接受你的道歉，關鍵就在於拉長道歉的時間，直到顧客開始真正接受你。這種道歉方式一開始會讓人覺得很難堪，員工也很難做到，有部分原因出在服務人員常常是行動導向：他們當然想趕緊解決問題。務實當然很好，但服務的補救不僅是一個跟具體細節有關的明確過程，也要帶有感情和人情味。所以，要和顧客進行情感交流，慢慢跟顧客解釋清楚並真心道歉。

只要多練習你就知道怎樣放慢道歉的節奏，而且這樣做絕對有好處，你會發現顧客開始慢慢消氣，把原先的怒氣轉為善意。當你善用不急不徐的道歉平息掉顧客的怒氣，顧客會不由自主地跟你站到同一陣線並說出這樣的話：「我知道這不是你的錯。」顧客在語氣上的改變，就表明你可以開始進行步驟2。

步驟2：跟顧客一起檢查投訴的問題

在步驟1，你開始跟顧客聯手；在步驟2，這種合作關係協助你探討顧客究竟需要什麼，讓你能為服務補救取得一個顧客滿意的好結果。

要徹底了解顧客的問題，通常你必須提出一些基本問題，其中有些問題甚至會讓顧客覺得被冒犯，比方說：「您確定您輸入了正確的密碼嗎？」我們把這類問題統稱為「您插上插頭了嗎？」。這種問題可能會惹惱顧客，要是你在完成步驟1之前，就提出這種問題，常常會讓顧客覺得不悅。但是，當你在完成步驟1，你已經跟顧客建立起合作關係，再跟顧客提出這種問題就容易被接受。

所以，先把所有基本問題都問清楚，別急著跳到解決問題那個步驟。

最後，你跟顧客最後還是會一起進入解決問題那個步驟。

服務密技>

服務補救的語言

如同我們在第三章所說，語言在服務補救流程中扮演關鍵角色，在你為公司編制的詞彙表中，你必須好好

　　強調這個部分。為服務進行補救時，細節會更重要，如果措詞不當，絕不可能順利解決問題。顧客想聽到的是，你真心跟他說：「對不起，我向您道歉。」至於「這是我們的政策」以及任何類似「你錯了」的說法，千萬別用。

　　如果真的錯在顧客，你必須有真正的理由（例如，涉及安全或法律要求）才能指正顧客的錯誤，而且措詞要委婉，比方說：利用「我們的紀錄似乎顯示」和「也許……」這類措詞，讓顧客可以明白自己的錯誤又保住顏面。

　　事實上，像「您插上插頭了嗎？」這種最讓人火大的基本問題，也可以換一種不讓顧客覺得受到冒犯的說法，比方說：「也許插頭鬆了，請您幫我檢查一下牆上的插座，好嗎？」

步驟3：解決問題並繼續跟催進度

　　現在，你決定將不符合標準的服務或產品汰換掉。這樣做是對的，但這只是往對的方向跨出第一步而已。你要記住，因為服務出問題，你已經讓顧客感到焦慮也造成不便，還耽誤顧客的時間。現在，你只是把顧客期望得到的東西還

給她，光是這樣當然無法讓顧客滿意。

處理問題的一個關鍵原則就是，解決顧客感受到的不公正待遇，顧客覺得自己被冤枉了，或是貴公司的服務讓她失望。因此，你必須提供顧客某種額外補償。

你可以想辦法讓顧客重新展露笑顏，不管是免費升級服務或是提供其他更有創意的東西，比方說：安排專家跟顧客一對一諮詢。你要跟受委屈的顧客一起，搞清楚顧客認為怎樣補償才有價值，或者由你主動提議，把事情導引到正確方向。

最理想的狀況是，你提出的「額外補償」能改變顧客對整個事件的看法：無論在網路上或日常生活中，當顧客說起或告訴別人這件事時，會談到你為顧客特別花的心思和努力，至於當初發生的問題就會輕描淡寫帶過。

對某些顧客來說，最有價值的補償不是物質上的補償。如果你能給顧客一個機會，幫你出點子改善公司的服務，有些顧客會非常積極地提出建議。這類顧客最想做的是協助你把服務做得更好，避免日後其他顧客遇到類似問題，而且他們確信自己能提出讓你重視的建議。這種顧客確實能針對如何改善貴公司的服務，提出一些精闢見解。所以，當顧客向你暗示他想這麼做時，你要特別留心傾聽顧客說些什麼，感謝顧客熱心的建議並表明會將建議轉達給公司高層。

　　對你提出批評指教的顧客往往也很樂意參與貴公司的事務，某種程度來說，他們就是你可以好好善用的免費志工。只要你懂得建立這種關係，就能慢慢將他們變成你的忠誠顧客。因此，在服務出問題時，千萬別把這個跟顧客接觸的機會浪費掉。

跟催服務進度的要素

　　雖然不同服務環境適用的跟催做法不一樣，但是這些做法全都應該包括立即跟催、內部跟催和摘要報告等要素。這些要素旨在確保服務補救正確無誤，讓顧客感受到適當的關切，也讓公司能透過服務補救贏得顧客忠誠，進而因此受惠。

　　立即跟催。要是你親自幫顧客解決問題，你可以在解決問題後馬上告知顧客，這樣可以讓顧客感受到你的關切，也讓你了解還有什麼問題有待解決。如果你把顧客的問題重新指派給別人，那麼立即跟催也很重要。舉例來說，假設你負責銷售工作，因為顧客只認識你，所以顧客打電話跟你說貴公司網站有缺失，造成顧客的不便。這時，你當然把這個技術問題轉交給資訊科技部門處理，但是你如何知道最後資訊

科技部門確實幫顧客把問題解決了？顧客是否感受到技術人員的貼心服務？唯一的辦法就是你繼續跟催進度，才會知道結果如何。顧客要的是，當初跟他們站在同一陣線的你，去跟催問題處理進度，而不是資訊科技部門的某位人員來跟他們說結果如何，就算你很清楚那位資訊技術人員最能幫上忙，但你還是要出面協助。

內部跟催。服務出問題時，你必須馬上通知內部相關人員顧客遭遇什麼問題。以下我們就說明為何這種內部跟催，是一流企業的作為：

➤ 員工知道跟這位顧客的任何後續互動，必須要超越日常品質管控的標準，並且經過重複的檢查。

➤ 服務出問題後，員工奉命跟顧客接洽解決問題，這時除非顧客想要，否則顧客不必再次說明問題，也不必「擺出好臉色」配合貴公司員工。員工自己要有心理準備會遭遇什麼狀況，比方說：餐廳經理或領班可以在顧客離去時貼心地說：「您的光臨是我們莫大的榮幸，我們感謝您今晚的耐心，很抱歉把您點的主菜弄錯了，期待下次為您提供更好的服務。」這樣講比開心地問候客人「今晚的菜色還滿意吧？」更為得體，

因為客人明明不滿意卻還這樣問，簡直是透露餐廳內部溝通不良。

➤ 你可以在顧客的檔案上註記，顧客下次上門或跟你交易時，給予顧客特殊待遇，即使只是以熟客相待或對顧客報以微笑，都能讓顧客感到欣慰。

摘要報告。當整個事件結束時，你可以利用親筆信函或致電關切的方式，進行後續跟催，讓你跟顧客的關係更加穩固，比方說你可以跟顧客表示：「很抱歉讓您遇到這種問題，替您服務是我們的榮幸，希望日後能繼續為您服務。」如果貴公司做的是網路生意，那麼以電子郵件表明此事當然也可以，只不過效果沒有親筆信或親自致電那麼好。

步驟4：詳細記錄出現的問題

幫顧客把問題解決掉後，你當然想好好喘口氣。不過，你一定要訓練員工，盡快把服務出問題的時間和種種細節都記錄下來，免得日後忘記或記錯了。我們把這種做法稱為「證詞記錄法」（deposition）。這件事要特別小心謹慎：為了避免重大問題再次發生，唯一方式就是把問題記錄下來，以便後續進行仔細的分析。

接著，你必須依據自己從事的行業，選擇高科技或低科

技的證詞記錄法。這項資訊起初可能放到事件箱、問題紀錄檔或口頭報告，不然就是直接利用軟體歸檔。不管怎樣，這類紀錄應該包括相當詳盡的資訊，至於要多詳盡，就跟你從事的行業有關。不過，這類紀錄通常要包括的事項是：事件發生日期與時間、是什麼產品或服務出問題、當時公司的生意有多繁忙、並且詳細記錄顧客遭遇的狀況。

　　這樣做的目的是，善用這些資料找出問題發生的趨勢或模式，也把潛在的原因找出來。舉例來說，或許你發現問題通常發生在週三下午三點半，在比利當班的時候。這項資訊讓你開始思索，比利是不是缺少某項訓練。或者，問題只發生在早上八點半到九點半那個時段，於是你注意到貨梯總是在那個時候進行維修，讓整個服務速度慢到讓人無法接受。或者顧客老是抱怨你賣的後車窗雨刷，但是只有東部和中西部的經銷商這麼說，於是你發現下雪天路上灑鹽，跟你賣的後車窗雨刷出問題有著某種關聯。或許你發現，服務產能達到九成時就會出問題，因此你開始思考產能到九成以上時，企業能否發揮效益（迪士尼主題樂園就做得到），或者必須額外增加產能或限制服務的顧客人數。

服務密技>

服務或產品出問題時，該如何彌補顧客？

　　答案是：看情況。而且事實上，這種看情況而定才是公司最該注意的重點。由於每位顧客的價值觀和喜好都不一樣，所以員工在安撫不滿顧客時，必須相當謹慎小心。不過，還是有一些共通原則可以遵循：

➤ 大多數顧客都能理解，事情難免會出差錯。他們不能理解、不能接受或不感興趣的是企業為問題找藉口。舉例來說，貴公司的組織架構如何，不是他們關心的事，所以當你提到那是另一個部門的問題時，顧客根本沒興趣，還會覺得你找藉口推卸責任。

➤ 別驚慌失措。當你能順利幫顧客解決問題，顧客就會比問題發生前更信任你、對你更忠誠。這樣講當然有道理，因為現在你跟顧客有共同的經歷：你們一起同心協力把問題解決掉。

➤ 不要事先假設你知道顧客想要或「該」要什麼解決方案。而且，如果顧客提出聽起來極不合理或很荒謬的要求，先別急著反駁。就算表面上看起來似乎不可能做到，但是你可以發揮創意，想辦法讓顧客要求的解決方案或其他的類似方案成真。

➤ 先把「公平」或「正義」擺一邊。我們先前講到那位疼愛小孩的義大利媽媽，在孩子跌倒時會先把小孩安撫好，之後才會去想孩子是否在走道上奔跑才跌倒。在服務出問題時，你要做的事情就是先把顧客安撫好，讓顧客覺得自己受到很好的對待，至於顧客究竟有沒有錯，這件事就等顧客平息怒氣後再說。

➤ 從顧客的問題中學習，但別**在顧客面前**，趁機教訓員工。這道理聽起來誰都懂，可是這種情況卻經常發生。尤其是當你在壓力狀態下，要特別注意自己是否犯了這種錯。

➤ 別以為自己正在為顧客做某種特別服務，其實這是你一開始就該做好的事。時間一去不復返，一開始就做對的機會已經不在了。所以，讓顧客得到當初應有的服務，只是第一個步驟罷了。接著，你必須給顧客額外的補償。還記得嗎？義大利媽媽就幫孩子包紮傷口，還給孩子一支棒棒糖。如果你不確定要給特定顧客什麼「額外」的補償，你可以清楚告訴顧客你能提供什麼補償。如果顧客不喜歡紅色棒棒糖或不喜歡吃糖，顧客會讓你知道。然後，你們可以一起決定要給什麼補償。

➤ 把忠誠顧客的終生價值牢記在心。想想看，忠誠顧客

第4章 補救！◇077

能跟你惠顧長達十或二十年之久，對貴公司來說，這
樣累積下來，或許金額也不算少。我們在自家企業和
客戶的公司進行過顧客終生價值的調查，也發現忠誠
顧客的終生價值常可高達十萬美元，有時甚至更多。
或許對你的公司來說，顧客終生價值只有幾千美元或
是多達五十萬美元。不管怎樣，搞清楚這個數字是很
值得的，而且你要把這個數字牢記在心，要是你因為
隔夜送達的運費想跟顧客爭執時，先好好想想顧客的
終生價值，再決定是否該跟顧客爭執。

善用親身體驗做好準備

其實在日常生活中，我們自己身為顧客遇到服務出問題
時，就經歷過各種十分糟糕的處理方式。我們的建議是：開
始把世界當成自己的實驗室。身為顧客的你，遇到不當的問
題解決方式時，請想想對方究竟做錯什麼，換做是你，你會
怎麼做。這樣的話，你就更不可能把自己遭遇到的不合理待
遇，讓自家顧客承受。（現在，你要做的就是，善用自己遭
遇到的受挫體驗，改善自家企業的服務。）

接下來，我們就拿英格雷利在日常生活中遇到的一個狀

況為例。幾年前，英格雷利決定把地下室重新裝潢，他跟所有家長一樣，希望孩子們邀請朋友到家裏玩，這樣他也能就近看看孩子們都在做什麼。所以，他決定先問問孩子們的意見：

　　我問兩個兒子：「你們希望地下室變成什麼樣子？」

　　「我要一個手足球桌。」這倒容易。

　　「我要籃球場。」這倒不太容易。

　　兒子們都想要一台大尺寸電視，我這麼疼小孩，當然就去店家看看，買了一台大尺寸電視回家。坦白說，價格有點嚇人，要把體積那麼龐大的東西搬回家也不容易。

　　現在，雖然親朋好友都很清楚我這個人有什麼優缺點，但是在我那兩個兒子眼裏，我就像中古世紀騎著駿馬、身穿斗篷帶著劍、頭戴閃亮羽毛盔甲的騎士。

　　所以，我跟兒子們一起把電視從箱子裏拿出來，大家都興奮極了，我把電視插頭插上，結果電視卻沒有反應。我心想，大事不妙。

　　「爸，怎麼回事？電視怎麼了？」

　　我說：「我不知道，電視不能看。」

　　「你是說，你不知道怎麼讓電視可以看？」

「兒子，我當然知道怎麼讓電視可以看，但是這台電視不能看，你們去檢查斷路器。」

兒子檢查過斷路器後跟我說：「斷路器沒問題。」

我自己又檢查一遍，確實沒問題。

我調整插頭的方向，移動插頭和電視，卻一點反應也沒有。我心裏再次響起這個聲音：大事不妙。

後來，我終於拉下臉承認自己不行：我們得把這台電視拿回去。

這是多麼討厭又麻煩的事啊！把電視放回箱子裏，再放進車子裏，開車把電視送回店家，再把電視搬到客服櫃台，我不清楚電器用品店怎麼處理這種事。不過，他們通常會讓最不友善、最不情願的員工處理客服業務。這次也不例外。

我跟一副臭臉的男性客服人員說：「午安，我剛買這台電視，可是不能看。」

那位男士心不甘、情不願地放下手邊的一些文件工作，看著我慢慢地說：「嗯⋯⋯你有把插頭插好嗎？」

「把插頭插好？」我用無辜的語氣再問一次。「你這話是什麼意思？」這位客服人員回答：「你知道⋯⋯插頭要插進牆上的插座裏⋯⋯你有把插頭插好嗎？」我承認現在這傢伙真的把我惹毛了，我回嘴說：「沒有⋯⋯我

上個星期才從某個原始森林深處回來，你說的『插好』究竟是什麼意思？我以為這東西是有生命的。」（客服人員暫不作聲，想著接下來該怎麼回話，他或許想叫保全人員過來。）於是我趕緊改口說：「我當然有把插頭插好，你問這種問題實在太扯了吧！？」

最後，客服人員終於動手檢查那台電視，果然沒反應，經過這番折騰後，客服人員突然間開始話多起來，但是他們只關心這個品牌的電視向來既棒又可靠，根本沒理會我的處境。說真的，我開始以為是我做錯什麼？（兒子跟我究竟有沒有把插頭插好？）後來，客服人員終於肯換一台新電視給我，但是在我準備把電視拿回家前，我跟他說：「現在，你先把插頭插好，看看電視能不能看。」這台電視沒故障，所以我把電視載回家。

所以，店家把原來那台電視收回。但是，整個過程我開心嗎？滿意嗎？當然沒有。

這個例子告訴我們，當你沒有依照我們在本章介紹的原則和步驟，最後服務補救就宣告失敗。現在，我們就來分析一下究竟是哪裏出錯了：

首先，店家有指派適當人員提供服務嗎？負責這類職務的員工應該有強烈的同理心，並且很有能力解決問題。但

是，英格雷利遇到的這名員工卻缺乏這兩項要素。

服務補救流程有按部就班嗎？以這個例子來說，客服人員太早提問「插頭有插好嗎？」這個問題，照理說客服人員必須先向顧客致歉，結果連這個步驟都沒做，顧客聽到這種問題當然很火大。

再者，客服人員有設法找出英格雷利的需求嗎？沒有，他不但沒有了解英格雷利的需求，也無法解決英格雷利最大的損失，也就是「家長的完美形象」，況且還有其他損失，像是浪費時間、造成麻煩和心情沮喪等等，甚至讓汽車椅墊都磨損到。換句話說，這名客服人員根本沒搞清楚顧客真正需要什麼才能重新感到滿意，而且客服人員還假定，只要換台新電視給顧客，顧客就該心滿意足。

事實剛好相反，這一切已經造成顧客諸多不便。

那麼，這類商家要怎麼做，才能幫英格雷利重新拾回完美的父親形象？其實，他們可以花點小錢，輕輕鬆鬆就讓英格雷利滿意。

舉例來說，假設客服人員當初以真心關切、甚至刻意的語氣這麼說：「先生，我真的很抱歉。這台電視機是在國外生產，我們公司收貨前應該經過抽樣檢查，造成您的不便實在很抱歉。下次您來店裏購物時，請找我幫您服務，我會先幫您檢查商品，確認無誤後您再買回家。不過，今天您有特

別想看什麼影音光碟嗎？」

英格雷利就會回說：「其實這台電視是買給我兒子看的，他們很想看 Swirly Goo and the Goners 最新的現場演唱會影片。」

客服人員就可以回答：「先生，我可以跟您一起去架上看看，幫您找一張兒子想看的 Swirly 樂團的影音光碟做為補償，感謝您的惠顧和耐心等候。我們真的很抱歉，對您跟您的兒子造成不便，我希望您能諒解我們，給我們機會再次為您服務。」

英格雷利就會收下那張影音光碟，覺得店家至少有誠意給予一些補償。

想像一下：那張影音光碟的批發價要多少錢？七美元？顧客花一千美元跟店家買一台電視，店家花七美元補償顧客損失，這樣做能得到什麼？店家這樣做就是往贏得終生顧客跨出一大步。另外，想像一下店家這樣做，英格雷利一家子被人問起新電視時，當然會幫店家美言幾句。

至於對英格雷利來說，他回家可以名正言順地跟孩子說：「孩子們，現在電視都是在國外生產，有些電視經過幾天貨運搬動，運到國內就出問題了。不過，現在我已經把問題解決了。」

該由誰來處理顧客投訴？

顧客投訴，人人有責。每個人對客服要負的責任當然不一樣，也不是每位員工都受過訓練精通服務。不過我們堅信，讓所有員工參與到某種程度，讓他們可以接受訓練，懂得如何跟顧客互動，這一點很重要。

但是，跟顧客接觸的第一線員工無法解決問題時，該由誰負責處理？換句話說，顧客要求「跟經理談」時，誰該擔任「經理」這個角色？這時，你可以參考以下這些準則：

➢ 授權員工能不必求助「經理」階層，就把問題解決好。

➢ 一定要找經理出面時，你必須指派在這兩方面都能力突出的「經理」：懂得解決又熱心解決問題，而且有同理心擅長跟顧客打交道。如果你在招募和培訓等方面做得很好，所有員工應該都能在這兩方面得心應手。不過，能在這兩方面都有非凡天賦者，大概十人當中只有一人。所以，如果貴公司設有服務經理的職務，你就要挑選這種人來負起這項重責大任。

我們在這裏提出的建議是，別用以往特別成立客訴部門的做法，而是要教導不同部門的員工，比方說業務部門和出

貨部們的人員都能啟動服務補救的流程。或許出貨人員不是解決這個問題的適當人選，但是如果他遇到不滿意的顧客時，必須知道自己不能跟顧客說：「我沒辦法幫你，我只負責出貨。」

就算是負責打掃廁所的清潔工，也應該被授權協助顧客，不是只跟顧客說：「你的問題要問經理。」這是顧客最痛恨聽到的說法。

要是公司能訓練清潔工自信地展現熱忱並跟顧客說：「很抱歉讓您遇到問題，讓我來幫您。」接著清潔工就找適當人員來處理問題，即便真要找經理幫忙，這樣對清潔工、顧客和貴公司來說都更有利，也能讓服務問題得到更妥善的解決。

（航空公司的例子倒是令人費解：如果不是在飛行途中，為什麼你不能跟機長抱怨客服問題？或跟航務員投訴？他們應該這樣回答你：「我很抱歉您遭遇這種狀況，」接著就為您找適當人員解決問題。畢竟，只要穿著公司制服，就代表公司，就應該為顧客提供服務。）

如果你打算讓公司全體同仁參與顧客服務，我們建議你讓大家徹底參與：無條件地授權，讓員工在服務出狀況時能發揮創意，迅速應變。

麗池卡登飯店數十年來給予員工的全權委任財務處理

權，或許是顧客服務全面授權的最知名實例：每位員工在處理每位顧客的客訴問題時，可自行斟酌怎樣做最適當，並有二千美元的額度可以運用。這麼有創意又能自由運用資金的做法是怎麼成功的？它是這樣運作的：如果你一開始擺出防衛、苛刻或有所保留的態度，人們當然會提高自己的要求來做回應，結果就發生典型的惡性循環。但是，如果你一開始以接受、變通和寬大的態度對待顧客，人們當然會以禮相待，結果就能產生一種良性循環。當初是舒茲在1980年代訂定這項政策（雖然現在難以推測當時如何算出二千美元這個金額，但是當時這筆錢可以在麗池卡登最豪華的飯店住上十幾晚呢），英格雷利也參與了這項方案，還跟舒茲一起把方案擴大到麗池卡登、嘉佩樂和索利斯等飯店。英格雷利證實，員工從來不必把這筆錢用完，就能做好服務補救。不過，知道有這筆錢可以動用，讓員工安心許多，也覺得自己該負起責任做好服務補救。這項政策就像持續有效的訓練工具那般重要：它提醒大家，管理階層深信顧客終生價值的重要，也證明管理階層願意花錢支持這個信念。

所以，為了讓顧客開心，你必須授權員工在服務出問題時，能馬上回應，不必等經理點頭。在當今顧客可以立刻上網嗆聲的時代裏，這種全權委託的做法日漸重要：唯有全權委託給員工立即處理，第一線員工才有機會在顧客上網嗆聲

之前，趕緊讓顧客消氣，平息一場危機。

細節決定成敗：服務補救要從小地方做起

其實，最棒的服務補救方式可能是從小地方做起，顧客還沒發現失誤，服務補救就能拉近與顧客之間的距離。

我們跟大家都一樣，很喜歡客服界流傳的一些大手筆的故事，比方說：向來沒賣輪胎的諾德史東百貨（Nordstrom）為了貫徹顧客至上的政策，即便顧客拿輪胎來退也照單全收。這些故事有助於訓練員工，也能協助企業讓聲名遠播。不過，我們也欽佩那些從細節著眼的企業，他們能找出系統中的小失誤，察覺跟顧客互動中讓顧客不滿的一些小地方，並能有效地進行補救，讓顧客感到滿意。

去年秋天，所羅門在賓州鄉下的手工藝品市集注意到，有位女業務員在幫《紐約時報》（New York Times）推銷，要人們訂閱報紙。這位女業務員帶了《紐約時報》製作的一些精美贈品，一邊跟路人推銷說：

業務員：「訂《紐約時報》每週只要 X 美元，送超額贈
　　　　品喔！」
所羅門：「抱歉，已經訂了。」

業務員：「您現在是訂每週七天的報紙嗎？如果不是，我可以幫您升級。」

所羅門（心想這位業務員真有毅力）：「除非新推出晚報版，否則我不認為你能幫我做什麼。」

業務員：「可是這些贈品很棒，不是嗎？不管怎樣，您是我們的好顧客，我還是要送您一點東西，您喜歡什麼？」

現在，我們來檢視一下這場偶遇。首先，從一些整體觀察說起。所羅門只是經過人潮擁擠的手工藝品市集，他並沒有跟《紐約時報》業務員詢問什麼，也沒有幫她增加業績，更沒說自己想要贈品。但是，那名業務員卻感受到這次偶遇的失衡，對於所羅門這類以「全額」訂閱的訂戶，報社竟然沒有東西給他們。

所以，即便所羅門不是她推銷的目標顧客，業務員還是決定要提供前瞻性的額外服務。

現在，我們就來檢視這次偶遇中的個別要素。

在這個例子中，有出現任何服務失誤嗎？有的，一個很小的失誤。《紐約時報》跟許多公司一樣，為了抓住新顧客都進行強力促銷。但是研究顯示，現有顧客才是真正最在意品牌做些什麼的一群人。《紐約時報》沒有訂定計畫告訴業

務員，遇到現有顧客時該如何對待。這讓經過訂報攤位的該報忠誠顧客感到困窘：「我是忠誠顧客，我不能增加你的業績，所以我們沒什麼好談的。」

　　或許，這項服務缺失是可以事先預期到的。但是，你不可能事先預料到貴公司會發生的所有缺失，畢竟情況各有不同，每位顧客也不一樣。

　　這就是為什麼你需要聰明機警且訓練有素的員工，《紐約時報》這位業務員就很精明老練又有同理心，能從細微處察覺到這項服務缺失。

　　在貴公司，當員工遇到這種事回到公司呈報時，會因為發現問題和善待現有顧客而受到讚許嗎？畢竟，現有顧客比衝動訂閱的新顧客更重要。或者，員工會因為贈品短少而被責罵呢？看到這裏，你會授權員工善待現有顧客，或是擔心自己負擔不起額外的贈品？

　　通常，你真正該問的是：你有沒有雇用適當的人員，給他們做好工作所需的權力，當他們發現並改善服務體系的缺失時你要加以讚許，這樣就能在顧客流失前，趕緊拉攏顧客的心，這件事你做到了嗎？我們希望等你看完這本書，你的回答是：「我做到了。」

不把客訴當一回事，就等著被市場淘汰

　　企業在極盡所能安撫顧客時，未必會覺得順心如意，要將這樣做的好處牢記在心、知道這樣做終究會有回報，也不是容易的事。所以，在面對顧客不懂得感激時，你可以利用下面這個至高無上的哲理幫助自己安度難關：每位顧客都重要且無法取代。不管貴公司的市場占有率有多大，一旦你開始挑剔顧客，不把顧客投訴當一回事，我們可以預料這種公司日後就會被市場淘汰。（要是你想知道原因，我們可以花更多篇幅告訴你。）你以為自家企業擁有龐大的市場，所以就不把某些顧客當一回事，還覺得這樣做沒什麼大不了？我們觀察底特律汽車製造商的做法後，才悟出「每位顧客都重要且無法取代」這項哲理，這些汽車業者放任進口車商蠶食自己的優勢，直到自己只剩下死忠顧客支撐業績。

　　我們強烈建議你把每一位顧客當成核心顧客看待，任何一位顧客都流失不得，因為那是企業要盡可能避免的悲劇。

第 5 章

及時掌握顧客資訊
讓顧客回籠
——追蹤顧客的身分、目標和喜好

　　就算你雇用一群統計人員來研究自家顧客的資料，他們也找不出一種能讓所有顧客都滿意的「優質服務」風格。因為優質服務必須是個人化的服務，這是成功的酒吧老闆、書商、商家和餐廳經理都一致認同的原則，他們可是名符其實的客服專家。

　　所以，想把家庭式的小商店規模擴大，或讓這種小商店能在生意清淡的小鎮照樣生意興隆，就必須確保所有員工都能提供個人化的服務──不管員工是菜鳥或老鳥、記性是好是壞，都必須能為顧客提供個人化的服務。

　　該怎麼做呢？解決辦法就是建立一個資訊追蹤系統，取得每位顧客的資訊，比方說：顧客喜歡什麼、不喜歡什麼、個人價值觀、以及跟你做生意究竟想得到什麼。員工每次跟顧客互動後，就利用這個系統記錄顧客個人特有的價值觀和喜好，然後不管任何時刻、任何場合，只要派得上用場，就將這些資訊拿出來跟公司其他員工分享。

　　用心做好有系統的紀錄和共用顧客資訊，就能讓貴公司跟街角那家很棒的乾洗店（但是一旦老闆換人就流失大部分顧客）有天壤之別。你也不會跟洛杉磯那家餐廳步上同樣的後塵：那家餐廳生意很好也很受歡迎，但是在其他地方開分店，生意卻做不起來。

記錄和共用的原則

以下是建立成功的顧客資訊紀錄系統並在公司內部共用顧客資訊的幾個關鍵原則。

原則一：系統要簡單

不要追蹤太多項目，但是第一線員工必須徹底了解確實需要追蹤的資訊。記住，系統簡單，員工才能長久追蹤顧客的喜好。如果為了一些假設的目的，執意要收集每位顧客的大批資料，反而會偏離了原本想找出顧客喜好這項目標，也會分散員工的精力，讓他們忘記服務的初衷是把顧客當成獨立的個體，讓顧客覺得自己受到重視。不管面臨怎樣棘手的顧客或複雜的狀況，這種「系統要簡單」的做法幾乎總是最好的做法。

> 服務密技 >
> ### 打造麗池卡登特有的客服系統
>
> 幾年前，麗池卡登飯店開始建立顧客服務系統時，發給員工人手一本筆記本，用來記錄他們觀察到或留意到的顧客喜好和顧客關切事項。舉例來說，最近剛戒酒

的顧客希望在入住前，飯店先把房間小冰箱裏的酒精飲料拿走；過敏很嚴重的女士希望房間裏有十盒面紙才安心。客房清潔人員在打掃房間時要是發現客人把床的左側或右側調低了，就要註記下來，晚上鋪床時也要把這一側調低。這些都是麗池卡登飯店希望員工在顧客日後來訪時，顧客無需開口，他們的需求就能被滿足，藉此表示飯店對顧客的尊重——而且，不管顧客下次入住麗池卡登在全球各地的哪一家飯店，都能享受到這樣的服務。

剛開始推動這個創新體系時，麗池卡登團隊給自己訂的目標是，只記下五個喜好，而且至少滿足其中三個。結果，這樣做讓顧客的體驗徹底改觀，這件事還被商業期刊和書籍詳加報導，比方說：蓋瑞・海爾（Gary Heil）等人所合著的《量身訂做》（*One Size Fits One*）一書中，就收錄了跟麗池卡登飯店顧客的訪談：

　　這次我們入住麗池卡登飯店時，發現上次我們入住時要求的低過敏枕頭，已經擺放在床頭，而且全都抖得膨鬆——這次我們都忘記要他們這麼做。廁所裏還多擺了好幾條毛巾（我還記得上次入住時叫過客房服務，請服務生多拿幾條毛巾來）。茶碟上

的小餅乾都是我們最愛吃的巧克力脆片餅乾——不是我們上次看到卻沒吃的燕麥餅乾。我們辦理住房登記時，櫃台人員還問我們，這次是否跟上次一樣需要購買交響樂團音樂會的票。

我們開始明白，麗池卡登飯店從我們上次入住時就取得各項資訊並在資料庫中註記。所以這次我們入住前，飯店的員工從客房服務人員到清理客房的女服務生，已經依照飯店對我們的了解，特別針對我們想要或需要的東西費心安排。他們似乎很了解我們每一個人，也真的很在意我們在這裏是否住得開心。❶

英格雷利解釋說，麗池卡登飯店會建立這個簡單的資訊追蹤系統，是因為早期的一項發現：「我們總是問顧客對我們飯店有什麼期望。我們最常聽到的回答是『我們希望飯店就跟家一樣』。但是當我們進一步追問，除此之外顧客還有什麼未明說的需求時，最後得到的答案是，他們想要的不是自己的家，而是夢寐以求的兒時家園——還記得吧，小時候你在家裏什麼事也不必做，每件事都有人幫你打點好。」

長大成人後，你在家裏可以自己做主，但是一切卻

要自己動手。小時候在家時，卻是截然不同的體驗。吃飯時間到了，有人已經幫你準備好飯菜，個人用品也有人幫你準備齊全，燈泡壞了有人換好。你離家時，爸媽會因此而傷心難過，希望你能盡早回來探望他們。最重要的是，有人很清楚你在這些方面的個人喜好，還「神奇」地為你打點好一切。

　　當麗池卡登飯店的管理團隊察覺到這才是顧客真正想要的東西時，他們就能找到更好、更客製化的服務模式。其實，在英格雷利最新推出的飯店品牌中，已經把這個理念延伸到預先採訪賓客、徵求他們的意見、在賓客抵達前減少許多不確定性因素，例如：交通和其他後勤服務問題，確保賓客從抵達當地那一刻開始，就感受到飯店對他們的呵護，就像媽媽知道你要回家就會特別用心準備一樣。

原則二：顧客重視的事項都要納入資訊系統中

　　在所羅門從事的獨立唱片和獨立影片這些行業，他善用軟體讓員工能掌握特定類別的資訊，比方說顧客演奏的音樂類型和樂器、以及顧客感興趣或似乎引以為傲的任何獨特細節。這些類別後來可能還包括顧客要製作一部耗資不菲的電

影、顧客拿到的同業獎項等等。當然也可以利用軟體註記顧客的太太生病了，不喜歡別人一大早打電話吵他等等的資料，我們把這些資料點稱為「身分、目標和喜好」（Roles, Goals, and Preferences）。

即使公司規模很小，也該持續追蹤顧客的身分、目標和喜好。所羅門剛開始創業時根本是白手起家，只靠自己打電話接單並完成訂單，自家地下室就是他的辦公室。當初創業時顧客只有幾位，他自己對每位顧客的身分、目標和喜好都瞭若指掌。但是雇用第一名員工後，聽到員工跟一位音樂界大客戶聊天時不知所云（「你說你的鼓手是誰？」），讓所羅門決定要開發一套自動化系統，追蹤顧客的身分、目標和喜好，於是所羅門成為率先採用這類客服系統的先驅之一。如果沒有這些系統，所羅門的員工在公司日漸成長之際，就無法為顧客創造「回媽媽家」這種親切體驗。

新創事業通常使用現成的軟體來管理顧客喜好的相關資料，要特別小心的是：這類軟體有些並不具備順向標註功能，無法將個別項目的紀錄變成顧客的永久紀錄。結果，記錄成個別項目的顧客喜好，就跟餐廳訂位本上的潦草紀錄一樣，無法提供後續參考。（這種「典型」的做法意謂著，除非餐廳把所有訂位紀錄存檔，否則一定無法找到眼前這位顧客說在 2005 年來用餐時曾提過，自己對貝殼類過敏的資

料。）所以，你要把每位顧客的相關資訊放進顧客各自的永久資料庫中，也要確保這些顧客喜好資料容易取用，不管你跟顧客進行什麼交易，都能輕鬆調閱相關資訊做參考。

　　那麼，追蹤顧客相關資訊的系統中該包含哪些項目呢？答案是：顧客最重視的事項就要列入資訊系統中。顧客的身分、目標和喜好各有不同，就算做再多的市場調查，也無法準確預測這些事。我們建議你最好對以下這些項目了解清楚：

> 先前跟特定顧客進行計畫、交易或洽談時發生失誤的相關資訊。

> 這次顧客來訪時發生的任何問題或當下似乎浮現的任何問題之相關資訊。我們先前討論過，顧客這次來訪已經對你的服務感到不滿，其他員工當然不該不識相、開心地招呼顧客說：「到目前為止，您還滿意我們的服務嗎？」這樣只會讓顧客更不滿，想回話教訓員工說：「其實，你們的服務真的有問題。」

> 顧客對產品或服務的喜好，不管是顧客自己說的或員工觀察到的，你都該在顧客無需開口前，設法幫顧客考慮好。

> 顧客先前在意見表或網路意見調查時填寫的事項。這

些表格不只包含統計資料，也有顧客本身表達的感受。企業除了要迅速回應顧客的感受（詳見第六章），還要把這項資訊列入顧客的追蹤檔案中，日後為顧客服務時就能把顧客的喜好牢記在心。

➢ **顧客先前跟貴公司的任何個人關係，比如共同的經歷、有朋友在貴公司上班等等**。有些顧客會以個人情感的觀點來看待與貴公司的關係，比方說：如果顧客說她第一次到你這家藥局時還是小孩子，是三十年前跟爸爸一起來的，那麼你可要把這些話記下來。而且，有些顧客可能表示自己對貴公司某位很有魅力的員工特別有好感，你就要把這些感受記下來，請那位員工一定要跟這位顧客聯絡，這樣做就能提高顧客的忠誠度，而且效果比打折還好呢。

➢ **顧客跟貴公司合作的計畫數目或購買數量及惠顧次數**。千萬別把要指責顧客的事註記下來，除非巧妙運用代號讓外人無法識別。記住，即使在內部有密碼保護的電腦系統中，要共用這類機密資訊前也必須先經過負責主管的審核。記錄這類顧客資料的最重要理由是：許多「難纏」顧客其實是在特定情況下遭到誤解，下次你再遇到他們時，或許他們很容易相處。所

以，雖然服務機構通常都有特定標記提醒員工留意棘手顧客，但重要的是這些負面標記要有私密性，必須經過資深主管同意才能取得資料。（大致說來，改變你談論顧客或輸入顧客相關資料的方式，是有情感價值可言的。在標記及討論顧客資料時採用較不批判的用語，就能讓你原本不舒服的感受紓解許多，比方說在對顧客標註評語時，你可以試著以要求高取代難應付，以品味不同代替難以取悅，甚至用很在意時間這種說法代替沒有耐性。）

➢ 有關個人的情況：配偶、寵物、孩子，等等。如果你要把這些細節列入顧客檔案中，就要準確記載日期（比方說：五年前記載的寵物，現在可能已經不在了，最好別問。好幾年沒聽顧客提起另一半，可能另一半也走了。）最好使用能自動標註時間的軟體系統，標註每筆紀錄的時間。

對任何專業機構來說，保密訓練和系統安全都非常重要。為了安心起見，你可以假定你的檔案沒有你想的那麼隱密。我們諮詢過一家公司，這家公司到現在還籠罩在資訊科技提案的陰影中。當初設計這項提案是為了讓顧客能夠直接進入個人帳戶，藉由增加顧客的自助服務來減少人工成本。

不幸的是，這個新系統可能會讓顧客無意間看到自己的個人追蹤檔案——最讓這家公司丟臉的是，有一次顧客竟然在檔案中看到一些令人難堪又露骨的話！這種業者自己造成的洩密事件並不少見，要是碰上刁蠻的顧客，絕不會輕易放你一馬。所以要想出一個有用的保密規則，保證大家都能保密並嚴格遵守這項規則。

原則三：收集的資訊必須即時可用

幾年前，英格雷利的團隊開始著手以一種顧客能接受的適當方式，讓飯店各個單位都能共用顧客相關資訊。當然，最基本的顧客資訊就是顧客的姓名，顧客一到就要認真記住，顧客走到飯店任何一個地方，接待人員都要有禮貌、正確地稱呼顧客的名字，這樣做真的能讓顧客備感神奇且備受尊寵。（其實，只要小心謹慎地利用無線電溝通，加上服務周到的員工，就能變出這種「神奇的把戲」。）你可以想想看，自家企業怎樣以創意方式使出這種妙招。

舉例來說，如果你經營的是一家醫療機構而不是飯店。大多數人根據個人經驗都知道，護士走到候診間，像叫賣的小販一樣對著候診間的人們大喊「茱莉亞‧瓊斯！」會讓人覺得很不安。這樣跟顧客講話，等於一開始就錯了！想想看，如果顧客對你感到滿意又報以忠誠，就會幫貴公司說好

話，這樣會給貴公司帶來多少看不見的好處，而疏遠這樣的顧客又會讓貴公司增加多少隱藏成本，所以找一種更好的溝通方式是很值得的。（在醫療領域，這種隱藏成本有可能成為天文數字，要是患者不滿意，醫院被告的風險就會增加。）

　　如果你想讓患者從一開始就感受到自己備受禮遇，你應該怎麼做呢？你可以先訓練接待人員記錄下每位患者的衣著打扮或其他可識別的特徵。（比方說：茉莉亞・瓊斯，45歲，紅上衣藍長褲，金髮。）這些便條會隨同患者的病歷一併交給帶患者就診的護士。有了這些便條，護士就能一眼認出誰是茉莉亞，在準備帶患者去做治療時禮貌熱情地招呼她。

原則四：別假定顧客一成不變，畢竟人的喜好都會改變

　　追蹤顧客的喜好有時也會失控。我們最喜歡的一位主廚，小華盛頓旅館（The Inn at Little Washington）創辦人派崔克・奧康諾（Patrick O'Connell）告訴我們下面這個故事：

> 　　最近我住進紐約一家飯店，這家飯店以提供客製化服務自豪。第一天早上，我在飯店餐廳吃早餐，我點了茶。隔天早上我一坐下，服務生就把茶端來。可惜，我那天想喝咖啡，不想喝茶。❷

　　你不應該因為這樣的失誤就不再使用顧客喜好追蹤系統。要是那家餐廳的服務生能真誠地對奧康諾說：「奧康諾先生早安，今天您還是喝茶嗎？茶裏頭要不要加一點紅糖試試看？」那就再棒不過了。（註：為了方便描述，我們假設奧康諾先生喜歡這種口味。）

原則五：顧客的心情也會起伏，要持續追蹤

　　我們建議你也隨時追蹤另一種人性特徵，那就是：顧客在跟你接觸的過程中，心情有何變化。小華盛頓旅館創辦人奧康諾設計的顧客滿意度追蹤系統，是我們見過較為簡單有效的一種方法。在奧康諾位於維吉尼亞州鄉間的餐廳裏，每位服務生從用餐開始就小心記錄顧客的滿意度，以1到10計分。（其實，他們相當小心，所以我們從未發覺他們給我們打分數或記下評論——不管我們到奧康諾的餐廳「研究」美食多少次，都沒發現這件事。）這樣做的目的是在顧客踏上歸途前，讓顧客滿意度至少達到9分。至於你在自家公司如何追蹤顧客滿意度，當然要看你提供產品或服務的時間有多長，員工是否還要關注其他複雜事項。

原則六：別讓制式化的做法搞砸費心收集的資訊

　　你從追蹤顧客喜好收集到的資訊要用得自然，讓顧客覺

得理所當然。舉例來說，戴爾．卡內基（Dale Carnegie）認為，一個人的名字是世上「最甜美的聲音」，這句名言一再地被引用。卡內基說得對——如果把人家的名字唸錯了，那麼「最甜美的聲音」就變得刺耳了。（這一點英格雷利和所羅門可以掛保證。）同樣地，在跟顧客接觸時，千萬不要很制式化地套用顧客的名字或其他個人資訊，別讓這些小事壞了你的大事。

你是否有過這樣的經驗，你打電話到某客服中心，服務台人員回答：「早安，感謝您致電 XYZ 公司，我能幫您什麼忙？」等你講出自己的姓名，服務台人員就很制式化地照著在螢幕出現的腳本，從頭到尾唸一遍並把你的名字穿插其中。你覺得就算你嚷著自己家裏失火了，聽到的還是這種機械式、聲稱是個人化服務的回應。如果你打算用這種像機械人一般、預先設定好的語音服務來運用顧客資訊，那麼你先前辛苦收集資訊根本沒有意義。

原則七：你利用科技工具收集資訊嗎？聰明和惹人厭只有一線之隔

要注意安全距離。人際互動時或多或少要考慮到，每個人周遭都有一個我們稱之為「安全距離」的範圍。要教導員工認清到這一點，跟顧客保持距離，小心靠近，別人示意就

後退一點，這是服務周到的關鍵之一，我們會在第七章詳細討論。但是在網路互動中，因為缺乏直接的口語或非口語回應，讓你抓不準跟人打交道的安全距離。而且顧客也很清楚，電子資料庫有辦法收集到人類無法收集到的所有資訊。

當你要求人們提供資料，註冊網站會員，讓你的網路資料庫更加完善時，他們往往會很懷疑。這跟你面對面要求他們提供資訊不一樣：比方說你當面問某人在哪裏出生，他很可能會大方地告訴你，頂多是問一句：「你為什麼想知道？」這時，你可以打消念頭或給對方一個解釋。但是如果你要求潛在顧客在貴公司網站上透露個人資訊，那你永遠不知道這項要求會不會把他們趕跑。你也不知道，他們是否認為貴公司在網站上這樣做很無禮，或者他們根本不信任你的網站。結果，就沒人註冊成為貴公司的網站會員。

最簡單的解決辦法是，從你的網路表格中刪掉所有可能侵犯個人隱私的問題，把那些問題變成可填可不填的選項，並且充分解釋問這些問題的理由。其實，就連有些顧客至上的公司偶爾也會違反這項規則，因此失掉部分市場占有率或發現顧客素質下降，再也不可能找回原有顧客。

以實體商店來說，某家以服務家庭為主的連鎖購物商場，利用資訊科技的「幫忙」，急著落實自動化，卻不自覺地越過界線而不自知。整體來說，這家公司還是很不錯：它

為家長和孩童提供服務，為顧客創造溫馨周到的體驗，很受顧客歡迎。不過，問題就出在最後一刻，商家在收銀台附近設了一個讓人覺得受到冒犯的電子程序。最近我們剛去過這家店，看到在收銀台處貼著模仿小孩字跡的廣告寫著：

在我們的「兒童旋轉木馬系統」

輸入你的

- 姓名
- 地址
- 電郵地址
- 性別
- 出生日期

註冊即送好禮

每個螢幕都播放著歡樂的動漫，哄騙孩童領取各式各樣的禮品，還有彩色星星和按鈕組成的字母鍵，引誘孩童去填寫：

（孩童先前輸入的名字），你的生日是？

- __月？
- __日？
- __年？

全部輸入後，按粉紅色按鍵！

.

　　（註：資訊安全專家把出生日期、姓名和地址稱作「三位一體」〔holy trinity〕，再加上常被盜用的社會安全號碼，這四樣資訊最常被冒用並爆發隱私問題。而出生日期、姓名、地址這三項資訊在這個例子中都有被問到，而且還是問那些連小學都還沒畢業的小顧客！）

　　螢幕上那一張張家庭慶生會照片根本是要引誘孩童輸入完整的出生日期，而且螢幕上方還放了一張卡片，用很小的字體寫著「建議大人在旁陪同」的免責聲明，好像是匆忙貼上去的，但是從人們的視線方向看去卻很模糊。不管怎麼說，免責聲明無法贏回顧客對你的忠誠，要是顧客發現你鬼鬼祟祟，他們會掉頭就走。

驚喜有時很危險——不管是在網路上或是實體商店

　　你可以獲得資訊並不表示你應該獲得資訊，而且就算你取得資訊，也不表示你會充分利用這些資訊。人們可不見得總喜歡你帶來驚喜，即便驚喜能讓他們對你的服務體系留下深刻印象。「許可行銷」（permission marketing）專家賽斯・高汀舉出以下這些例子說明：

如果你的信用卡公司打電話跟你說：「我們看過您的紀錄，發現您有外遇。我們想免費送您一張性病檢測優惠券……」聽到這些話，你當然馬上火冒三丈。如果當地機關利用街角監視器向你推銷一種新式通勤代幣，你也會覺得有點火大。❸

這些當然都是賽斯的假設，要是這種事情發生在現實生活中，會怎樣呢？就拿我們一位朋友在頂級飯店親身經歷的事為例。她打電話跟櫃台投訴服務問題，櫃台人員幫她把問題解決了，緊接著卻犯了錯：櫃台人員看了一下我朋友房間冰箱的電子監控器紀錄，然後跟我朋友說：「我發現您喜歡喝伏特加，今天晚餐要不要來點我們新推出的一款伏特加，以表示我們的歉意？」這位櫃台人員自作聰明，卻像在窺探客房的動靜，當然會讓顧客心裏不舒服。

請記住，你收集資訊主要是為了替顧客服務，其他任何用途都是其次。因為我們談論的是電子系統，所以要時時牢記這種看不到人又聽不見聲音的服務是有侷限的。除非必要，否則別要求顧客提供資訊；向顧客索取資訊時要有禮貌，使用這些資訊時絕對不能跨越顧客的安全距離。

服務密技>

在網路上，如何不侵犯隱私又能追蹤顧客喜好

網路引誘我們收集過多的資訊。利用自動彈出界面向顧客提問是很容易的事，而且收集「成堆」的資訊也有很大的誘惑力。這裏有一些原則能幫助你把這種誘惑降到最低：

1. 如果必須收集任何敏感的資訊，就要明確且徹底解釋清楚為什麼有必要這麼做。

2. 除非必須把未成年用戶過濾掉，否則絕對別要求顧客填寫出生日期。許多人一看到要求填寫出生日期，就會退出網頁或杜撰一個假日期。想要贏得忠誠的顧客，這樣逼顧客撒謊，可就大錯特錯了。

3. 仔細斟酌你要問的每個問題，最好自己先辯駁一下。比方說，跟自己唱反調，問問自己為什麼要求顧客提供電話號碼？同樣地，為什麼要求提供電郵地址？（你這樣做或許是有原因的，但也要仔細思考潛在成本，別只想到這樣做能夠為行銷帶來的好處。）

4. 如果你在要求顧客提供個人資訊時，給顧客一個有說服力的選擇，通常就能讓你如願以償。之後，你就不必費心把那些顧客作假的「必要」資料剔除掉（例

如：999-555-0505這種電話號碼和lateralligator@
getoutofmyface.com.usa.xxxy這種電郵地址就明顯造
假）。

5. 盡可能把線上對話當成800/888客服電話的輔助工
　具。這樣，當人們只想了解某項特定資訊時，就不會
　被冗長的表格嚇倒（並掉頭離去）。但是，不能因為
　有了這些服務，就不迅速回覆顧客的電郵。要注意的
　是，有些顧客跟貴公司透過網路聯繫，是因為他們不
　想用電話溝通。而且，有些顧客甚至不方便打電話，
　比方說：把網路當成重要工具的身障人士（包括聽障
　人士在內），還有一些顧客是在上班時間偷偷網購，
　當然不方便講電話。

別怕：考慮周全了再去收集資訊

　　別怕收集資訊，只要審慎處理並尊重顧客就行。這些資
訊雖小，但是事關貴公司的成長。我們共事過的卓越企業確
實都有一個共同特徵，就是有效地追蹤顧客重視的事。這樣
做能讓新進員工把資深員工先前建立的顧客關係延續下去，
當公司日漸壯大，有些員工離職，有些員工高升，但他們建

立的關係還在，就能建立相當高又長久持續的顧客忠誠度。

這種方法對我們很有用。

我們建議你也這樣做。

第 6 章

將顧客期望與
你的產品服務做結合
——讓流程為你做事

星巴克（Starbucks）的執行長霍華德・舒茲（Howard Schultz）不知有沒有看過《第22條軍規》（Catch-22）這本書或電影？或許有吧。不過，舒茲先生一定沒試過在自家店面註冊上網。

所羅門就在星巴克上網過，他把親身經歷告訴我們：

> 我在外地出差時要完成一些工作，於是我走進星巴克，想試試他們新推出的免費無線上網服務。
>
> 步驟一：為了免費註冊上網，我必須先買一張星巴克的上網卡。我心想買就買吧，於是我買了上網卡，透過筆電輸入所有個人資訊。但隨後我收到美國電話電報公司（AT&T）／星巴克網路寄來一則訊息，告訴我登錄驗證碼已寄到我的電子郵件信箱，要我查看並憑驗證碼完成登錄流程，才能使用新帳號上網。
>
> 我當然沒辦法檢查郵件，正因為如此，我才需要買上網卡啊。所以，這則訊息其實是叫我開車回家查看郵件，點選連結取得登錄驗證碼，然後再開車回到星巴克上網。

我們在很多方面都很佩服舒茲先生，比方說：他把提供給員工、甚至是兼職人員醫療保障，當成自己的使命。但是拿店內上網這件事來說，舒茲的公司卻忽略掉下面這項簡單

原則：企業應該站在顧客的立場著想。企業需要一套工作流程，一旦發現任何環節會給顧客帶來不便或讓顧客不滿意，就要二話不說把它去掉。企業必須有系統地結合各項程序，把能夠改善顧客體驗的功能也包含進去。

我們來看看應該怎麼做。

讓公司站在顧客的立場著想

公司如何知道顧客可能會喜歡什麼，甚至在顧客還沒來之前就知道？你可以向公司全體同仁明確表示，你的目的就是要搞清楚顧客需要什麼。然後，你就可以跟員工一起以系統化的思考，針對特定顧客群，了解顧客的需求。

我們就以獨自在餐廳用餐時的處境為例。周遭是雙雙對對、一夥人或一家人在聊天，這位客人自己一個人在吃飯，覺得有些尷尬也有些孤單。時間過得很慢，菜似乎也上得很慢。怎樣才能讓身處其中的客人不會那麼不自在呢？

或許你留意到那些獨自用餐的人常會帶一些可以看的東西，不然就是如饑似渴地抓住什麼看什麼。知名作家比爾·布萊森（Bill Bryson）就說自己曾經「盯著餐廳的餐墊猛看，看完正面還要翻過來看看背面有沒有東西。」❶

因此，服務周到的餐廳可能會替那些獨自用餐的客人準

備一些報章雜誌。這種簡單貼心的服務，每位員工都做得到。

　　下面再舉幾個例子說明，如何利用簡單周到的程序預料到顧客有什麼期望：

> 你在亞特蘭大開了一家小店，現在正值仲夏，光顧小店的客人是為了躲避攝氏35度的高溫才上門的。這類客人會想要些什麼呢？要是他們一進門就發現櫃台上有加了檸檬片的冰水，不是很開心嗎？你可以根據每天的天氣狀況，輕輕鬆鬆加上這個程序。

> 你看過這樣的告示牌嗎？「化妝室如需清潔，請告訴我們」，或者更糟糕的，在飛機上看到那種「請諒解我們無法在每位乘客使用後進行清潔」，還建議你用紙巾把洗手台擦乾淨，方便下一位乘客使用。讓化妝室保持乾淨的最佳程序可能不是放一塊像那樣的告示牌，把維持清潔的責任推到顧客身上。在此提出一個獨特的解決辦法（僅限於極少數地方）：在知名主廚查理‧卓特（Charlie Trotter）於芝加哥開的著名餐廳，員工認為要保證化妝室達到標準，讓下一位客人不必忍受上一位客人用過後的不潔，唯一的辦法就是在客人每次用過化妝室後，員工親自小心檢查一下紙

巾和肥皂。❷（我們並不建議你採用這種極端做法，只是要你好好想想怎麼做最好，如果你的小酒吧經常擠滿客人，你是不可能這樣做的。不過，另一種積極的做法倒是值得考慮：在客人較多的晚上安排專人清潔化妝室。）

➤ 如果你是塔可鐘（Taco Bell）連鎖速食店的主管，你會怎麼做？雖然你們公司的營業據點以南加州為主，但如果你站在顧客的立場著想，你就會在大多數分店的得來速外賣窗口加裝雨遮，沙加緬度的顧客可能不在乎你裝不裝雨遮，但是在西雅圖，顧客一定希望自己把手伸出窗外拿外賣時，手不會被淋濕，不用碰觸溼答答的窗口電子裝置。

建立一種機制來讓員工經常去體驗自家實體店面和網站的服務，這一點很重要。因為任何方式都比不上這樣做所能獲得的回應意見。（附帶一提，如果你目前只是「公司的員工」，你也要盡最大的努力，客觀地體驗一下自家產品，只不過要做到我們下面說的匿名還是有一段距離。）

我們都有過這種經驗，在有些店，員工似乎沒嘗過自家店裏的食物，沒到顧客專用的化妝室試試抽紙機的位置是否擺得恰當，也沒有人發現顧客要買的東西怎麼會從網站購物

車中消失。為了避免貴公司也跟它們一樣，就要建立一種制度，在公司內部對自家產品或服務進行有系統的使用和測試。自家員工買店裏的東西，就給予更多折扣或免費，但有附加條件：如果員工要享受公司的服務，他們必須詳細記錄，可以的話保持匿名，這樣員工才能體驗到跟其他顧客同樣的服務。

建立能預先設想顧客需求的服務程序，需要每天不斷的努力，也需要管理階層有遠見和判斷力並堅持到底。不過，這種努力是值得的，它會讓你離達成顧客忠誠度這項目標愈來愈近。

Mr. BIV 和消除缺陷的藝術

有時問題已經出現過，也已經被員工注意到，卻還是擱著沒處理。我們要向你介紹 Mr. BIV，只要有「他」存在，就有改善的空間。

所謂 Mr. BIV 是一個首字母縮略字，是曾經跟英格雷利在麗池卡登飯店共事的同事所想出來的一個點子。解決 Mr. BIV 的問題，讓他們獲得了兩次美國國家品質獎。Mr. BIV 是我們所見過最有效也最容易實施的品質改善系統。

Mr. BIV是一套有效率、經過簡化又容易學習的方法，能找出缺點和過失；整個機構都可以採用，無需額外訓練。Mr. BIV代表的是：

錯誤（Mistakes）

重做（Rework）

故障（Breakdowns）

效率不彰（Inefficiencies）

工作流程中的變動／特例（Variation in work processes）

不管任何職級的員工，只要發現Mr. BIV問題，都可以也必須通知相關人員，以便迅速解決問題。遇到Mr. BIV問題時，你心裏就會浮現五個問號，協助你找到問題的根本原因，不會治標不治本，比方說：

問題：客房服務速度太慢

為什麼？服務生在等電梯

為什麼？電梯被雜工占用了

為什麼？雜工在尋找／儲藏／囤積床單

為什麼？床單緊缺

為什麼？庫存床單只夠80%的顧客使用

你可以指派每位員工當你的「改善經理」，負責協助落

實 Mr. BIV 體系。

　　Mr. BIV 是一種持續改善的體系（Continuous Improvement System）。「持續改善」這個典範是從製造業發展起來的，所以很不幸的，服務業、白領和「創意」人士常常本能地以為這跟他們從事的工作無關。這是他們的一大損失，也是顧客的一大損失。不管你是絕緣材料生產商，還是自由專欄編輯，或是婚禮攝影師，唯有在一個能有效監控和改善產品的體系裏，你才能持續提供優質產品。所以，在服務中應用持續改善，能創造重大的價值，這一點十分重要，因為，持續改善可以縮短服務業的新進者在競爭上的差距，或是拉開傑出服務領導者跟同業之間的距離。

　　總之，Mr. BIV 是很管用的東西。

別殺了 Mr. BIV 的信差

　　千萬不要因為持續改善體系曝露出的問題而責怪員工，你需要大膽直言、不鄉愿的員工：他們能勇於指出缺點。同樣的缺失發生兩次，就應該假定是流程的問題；解決之道就是修改流程。如果你因此責備員工，員工再也不會幫你發現一再出現的問題，你也會失去盡早修改流程之潛在缺陷的機會。

服務密技＞

向凌志汽車學習：減少交接時的失誤

　　英格雷利講述了豐田汽車（Toyota）的故事：在舒茲跟其他不同領域的顧客體驗專家的協助下，豐田如何把提供非凡的產品和服務互動當成明確的目標，而創立凌志汽車（Lexus）這個品牌。凌志最大的期望就是透過非凡的服務，在汽車這種往往要買過幾輛車才能獲得顧客忠誠的行業，建立起顧客忠誠度。（只有當你自己在過去十年內買過一系列比較可靠的賓士車，通常是連續買三輛或你們家有開賓士車的「家族傳統」，比方說你爺爺開賓士、你爸爸也開賓士，才能預計你日後也會買賓士。豐田可沒打算等這麼久，才幫凌志獲得第一批忠誠顧客。）

　　凌志最後推出的計畫涵蓋我們在前幾章提過的一些特性，包括稱呼顧客的姓名以示尊重，在不冒犯顧客的情況下記下每位顧客的個人喜好，並尊重他們的習慣。除此之外，凌志把重點放在一個我們尚未論及的策略：減少服務人員之間的「交接」，避免服務過程中出現缺失。

　　許多情況下，當你將顧客從某個職能、人員或部門

轉交到另一個時，就可能出現失誤。你是不是有過這樣的經驗，客服人員把你的電話轉接到技術部門時，你又得從頭講一遍發生了什麼事？每當你把顧客的來電從某個人轉接到另一個人時，就好比運球過程中可能掉球一樣，可能電話沒接上，或是轉接過程中無法傳遞資訊或轉達主要的意思。（每當保險業務員把顧客交給營業部門，由他們為顧客服務時，就會出問題。當有設計需求的客戶跟創意總監碰面後，總監設法把客戶的意思轉達給負責設計的人員時，就可能發生失誤。）

　　我們來看看，到汽車公司修車的顧客通常會經歷什麼狀況：你把車開到服務部門要求修車，門口的人接待了你，帶你去見服務顧問。服務顧問寫下車子有什麼問題，並把技工叫來。技工把車開走。最後該結帳了，服務顧問再次出現，把帳單給你，要你去找素未謀面又一臉不耐煩的收銀員結帳，收銀員可能沒注意你，這種態度根本無法跟賣你車的業務代表的服務標準相比。收銀員也不跟你解釋帳單上那些奇怪代碼究竟是什麼費用，因為在此之前，她根本不知道你的存在。

　　假設有一位受過一流訓練的服務顧問，叫她雪倫好了，從你來店的那一刻起直到你離開，她都竭誠為你服務。雪倫接待你，為你開立服務單據，跟技工說明情

況，通知你車修好了並把帳單給你，你把錢給她就可以。凌志把這套程序當成最理想的流程，根據服務的規模和特定經銷商的實際情況，將這個流程靈活應用。

有系統地為自己和顧客減少浪費，增加價值

因為我們一心想把服務做好，所以我們對製造業建立的最佳系統和控制方式十分推崇。我們以全錄（Xerox）、聯邦快遞（FedEx）、美利肯（Milliken）這些營運遍布全球的大企業做為服務典範，效法他們的做法。久而久之，我們從精實製造（Lean Manufacturing）和全面品質管理（Total Quality Management）這些以製造為主的體系，發現其中的精髓。

對於受右腦支配、高接觸性的服務業，這種管理體系聽起來有點像是強迫你去做功課。是有點像那樣沒錯，但那樣做卻很值得。

這些管理體系有一個共同的見解：企業可以藉由持續發現浪費和減少浪費，來增加本身的價值。如果應用得當，這樣做就能像強化製造業的實力那樣，也強化服務業的實力。舉例來說：我們可以藉由去除浪費的時間和多餘的動作，來

加快服務反應時間；透過在整個設施內調整適當規模的加工設備來提高產品的多樣性；利用減少員工的待工時間，以提高員工的士氣和獲利能力。或許你發現，這些例子就是豐田生產方式（Toyota Production System）創始人大野耐一（Taiichi Ohno）找出的七大「浪費」中的其中三項（大野耐一是當代精實製造方法論的先驅）：

> ➢ 運輸的浪費：不必要的運輸
> ➢ 庫存的浪費：過多的庫存
> ➢ 動作的浪費：過多的動作和非人體工學的動作
> ➢ 等待的浪費
> ➢ 製造的浪費：生產過剩／沒有需求就先生產
> ➢ 加工的浪費：不適當的加工
> ➢ 不良品的浪費

服務密技>

為什麼要以製造業為師？

　　為了讓效率、可靠性和配送服務達到最佳成效，我們建議你以製造業為標竿。他們的成功源於經過事實驗證的科學數據，所以跟他們學習可以讓你打造出更穩健的服務體系。像容錯設計（tolerant design，例如：門不

會讓你不小心把自己鎖在外面）、行為塑造限制（behavior-shaping constraints，例如：傳動裝置必須處於「停止」狀態，鑰匙才能拔出來）等概念，以及其他已在製造業廣泛應用的諸多概念，若能在服務業妥善應用，就能為顧客和貴公司帶來很多優勢。

　　我們就舉例說明，了解一下將製造業的知識應用到服務業能產生什麼價值：假設你打算在鳳凰城郊外開一家小吃吧。你有這種想法是因為朋友喬在圖森開了TapasTree 這家西班牙小吃餐廳，生意相當興隆。喬進入餐飲業是為了滿足自己收藏藝術品的嗜好。喬在這方面是個天才，他在自家餐廳營造出一種魅力十足、輕鬆自在又有藝術氣息的氣氛，到他的餐廳用餐就像參觀藝術博物館或上畫廊一樣。喬把這種想法發揮到極致，他的餐廳根本就是一個「活生生的畫廊」。每張座椅實際上就是一個獨特的雕塑，讓用餐者覺得好像置身在形式和風格都遠離塵世的世界。而且，最棒的是，服務生可以在幾小時內把餐廳內的布置重新組合，所以每個月都能讓客人有不同的感受。

　　這種獨特的美學設計確實吸引不少顧客上門，讓喬在餐飲業這種利潤微薄的行業裏有了好的開始。因為一開始生意興隆，喬繼續在自家餐廳裏融入許多飲食即藝

術的理念，充分利用自己身為藝術史學家和鑑賞家的品
味。經過一年的經營，餐廳廣受好評，喬還清了當初的
債務，開始計畫在其他地方開分店。

在這種情況下，我們當然鼓勵你探究一下，自己創
業時能否學習喬成功的一面，尤其是喬似乎也很想當你
的榜樣，但是別讓他太超出自己的專業。舉例來說，我
們確信喬還沒有制定出廚房工作的最佳流程。而且在許
多環節中，他勢必漏掉一些關鍵點，而這些環節的效率
不彰，讓整個供應過程增加不少麻煩。

喬當然沒有發現這些環節中存在很多不必要的浪
費；他認為自己的體制最適當，是經過實戰檢驗的唯一
可行方案。（畢竟，這是他知道的唯一方法。）那麼，
你究竟該怎麼做呢？我們建議你認真研究豐田、思科
（Cisco）或聯邦快遞的工作流程，其中有很多東西值得
你學習。要把流程合理化、把後台運作標準化，就該以
這些企業為榜樣，你可以把這些公司當成教導你如何讓
自家企業發揮效率及達成穩定成效的老師。至於喬在這
些方面的建議，你要有所保留，不可照單全收。

為什麼有效率的流程能讓服務產生改善

　　我們知道為什麼以服務為主的團隊往往對精實製造這類體系的重要性心存懷疑。畢竟，為了在行業中脫穎而出，讓顧客對你有信心，我們努力預先設想顧客的需求，並提前滿足這些需求，因為「及時」（just in time）滿足或許表示為時已晚。我們堅持要有「超量」的庫存，因為這表示就算有意想不到的需求出現，我們也能維持本身較高的服務標準。（因此我們能跟顧客說：「我們當然有賣那個商品。」）我們甚至鼓勵員工代替顧客「複述」顧客的要求。（「我一小時後再替您致電給供應商。」）這樣做是因為在顧客看來，我們這種願意為了他們而影響自己工作效率的舉動，就是對他們的關心。廣義地說，我們常常需要員工為了關心顧客而暫時放下手邊的工作（這樣當然會降低效率），但是這會讓顧客更看重我們。

服務密技>
效法全錄公司

　　多年前，我們以全錄公司為標準，採用全錄教給我們的持續改善／問題解決方法。全錄的方法確實有用，

尤其是要團隊想辦法減少浪費並解決企業面臨的其他問題時更好用。全錄的這套管理辦法由六個部分組成。（必要的話重複使用，直到不再需要為止。）

步驟1：找到並挑選出需要解決的問題

步驟2：分析問題

步驟3：產生可能的解決方案

步驟4：選擇並制定最佳解決方案

步驟5：實施解決方案

步驟6：評估解決方案

　　基於上述原因，我們這類型的企業似乎更容易接受精實製造的第二條原則：價值由顧客決定。如果要經過一千次的「低效率」，才能創造對我們有信心的忠誠顧客，那麼就這樣做吧。為了得到顧客的好評，不辭辛勞給予顧客無微不至的關心，確實要花很多心思和時間。但是，當顧客的滿意度和忠誠度較高時，他們也會更加重視我們，顧客愈重視我們，我們就賺得愈多。降低缺陷這類以確實數據的衡量指標對服務業和製造業同樣重要，但這裏還有一些指標是服務業需要重視的：在以服務為主的行業裏，顧客往往說不清楚究竟是什麼讓他們感到滿意，只是對我們有種莫名的好感，覺得喜

歡我們，願意再來，也願意跟朋友推薦我們（這是再好不過的免費宣傳）。忠誠顧客就是只用這種獨一無二的「價值評價」方式，衡量我們提供的優質服務。

那麼「效率提升價值」（efficiency increases value）這個概念真能協助我們為顧客提供更好的服務嗎？我們相信是可以的，只要限制一下應用範圍。我們真的想要有高的效率，尤其是提高後台（behind the scenes）作業的效率。我們再拿前面提到朋友喬開餐廳的例子做說明，如果持續按照精實製造的方法經營，喬的餐廳就會產生相當大的改善，擺脫以往不考慮實際需求、大批量生產的做法，再也不會客人少時沒事做，白白浪費時間，客人多時廚師大聲吆喝，拼命催促大家「手腳快一點」，搞得大家手忙腳亂。提高後台工作的效率，可以減少失誤，縮短交貨時間，讓員工隨時保持警覺並思緒清明，好好服務顧客。❸

同樣地，對線上電子商務來說，只要不侵犯顧客的隱私，透過分析顧客的消費模式，就能將顧客選擇的程序合理化，這樣做對公司和顧客都有好處。如果網路顧客想用大家都知道的方法「幫你一把」，自己管理個人帳戶，這樣你就能提高效率，以更低廉的價格提供更迅速的服務。我們建議在大多數商業環境中，這種自動服務應該出於自願，或者至少要有一個監控系統了解顧客的操作情況，提供顧客更多退

路可走，比方說：提供訓練有素的線上客服和免費諮詢熱線，以免顧客在操作過程中遇到問題。

杜絕浪費？可別一不小心毀了價值

我們希望服務業者的手邊都有一個大大的紅色「暫停」鍵，每當他們想要清除某些客戶服務流程和程序、以及改變過去多年服務累積的慣例時，就能按下這個鍵，再多考慮一下。我們這樣擔心是因為經驗之談——以服務為主的公司往往會以提高效率為名，刪掉服務過程中最有價值的部分。當他們明白自己失去了什麼時，通常為時已晚。在考慮刪除某些流程時，你是不是覺得事後給顧客的謝卡，對顧客來說沒什麼價值？或者你心想，原先你給每位來訪顧客準備的親筆簽名信也是浪費時間？或者，你認為顧客不會注意到你把網站上某個很少使用的功能拿掉了？也許你是對的，但是先別輕舉妄動，因為你很可能低估了以往這些做法對顧客的價值。我們告訴你原因是什麼。

首先，人們在生活中的許多方面會產生情感依附（emotional attachment），包括對你的服務人員、服務程序和服務特色的依附。情感依附本身是非理性的。如果你在某種特定環境（在職場、人際互動、度假時）反覆體驗到愉悅的

感受，你就會對這種環境產生情感依附。就好像小孩從小在有著泛黃牆壁的房間裏快樂的長大，爸媽以為重新刷成白色孩子會很開心，結果卻不然。

同樣地，你認為自己提供的某些服務似乎只是消耗資源、留著也是「浪費」，但是某些顧客或許已經對這些服務產生情感價值。更糟的是，再怎麼會說話的顧客也說不清楚這種依附有多深，比方說：每天早上一進到你店裏，就聞到那股咖啡香。由於人們往往低估這種長期形成的情感依附所產生的力量，等到明白卻已經太遲了。分手後才驚訝地發現自己多麼思念心上人，如果你有過這種經驗，你就知道我們在說什麼。

更常見的問題是，人們往往不太留意那些正面經驗，因此不知道究竟是哪些方面讓他們感覺特別好。你要人們回想一下當時的體驗時，他們只是設法找出「我為什麼喜歡／討厭它」的一套說詞來解釋──畢竟，這是你要求他們做的。但是社會心理學有一個經過反覆驗證的發現是，雖然人們可以準確體會自己的感受，卻無法正確解釋自己為什麼會有這樣的感受。人們特別不擅長察覺自己正向感受的起因。所以，我們究竟該怎麼做呢？如果你請顧客「列出我們讓您最滿意的五件事」，我想就算最聰明最熱心的顧客也會把你搞得一頭霧水。所以，不要急著刪掉那些顧客最滿意名單中排

名較後面的服務專案。

　　偶爾可以做做這個練習：讓朋友回想某次吃大餐的美妙體驗，即使那只是一兩個月前的事。然後詢問她：

　　你記得餐廳的裝潢嗎？

　　記不太清楚。

　　你還記得服務生的長相嗎？

　　不記得。

　　你記得餐廳領班的長相嗎？

　　不記得。

　　開胃菜吃了什麼？

　　想不太起來。

　　主餐吃了什麼？

　　想不太起來。

　　喝了什麼飲料？

　　想不太起來。

　　代客泊車員有什麼特別之處嗎？

　　不記得了。

　　那你覺得這次大餐棒在哪裏？

　　我真的不知道，但確實是很棒的體驗。

　　運用精實製造的方法論（顧客認為有價值的才有價

值），那麼以上所列種種，每一項單獨來看都會被視為浪費：讓人想不起來的代客泊車員（按以上描述，你朋友可能是搭公車去的）；讓人記不清長相的領班（你朋友可能是自己入座的）；讓人記不清長相的服務生（那麼餐廳乾脆提供自助餐）；就連食物、酒水品質、室內裝潢，沒有一樣讓你朋友留下深刻印象。不過，就是這些接觸點，以及其他許多的細節，最終構成了超出各部分總和的總體效果：這是集體的力量。這就是為什麼在服務業關注細節是如此重要：確保每一個接觸點都被妥善執行。

另外，我們可以合理推測，這些細節加在一起，如何讓你朋友留下深刻印象，讓她對那晚用餐的「美妙」體驗讚不絕口。我們先來分析最後一個接觸點（像問候／道別〔詳見第十一章〕，這是最可能讓人留下印象的一刻）：我們想像這位代客泊車員會跟你朋友問好，向她微笑且動作迅速。泊車員不是走著幫她取車，而是跑著去。這個動作潛意識地傳遞出他很關心，一心想著馬上為你朋友服務。他幫你朋友擦了擋風玻璃，沒有變換原先收聽的電臺頻道，也沒有挪過駕駛座椅，以免你朋友需要重新調整，或者他確實需要調整座椅，但至少會向你朋友說明這樣做造成的不便：「夫人，抱歉，我得移動一下您的座椅。」

服務密技>

服務就像壁畫創作

　　創作一幅壁畫，需要調色板、技巧、時間和注意力，還需要判斷力和先見之明，能想像正好適合放到這面牆上的畫是什麼模樣。就像完成一幅傑出的壁畫，每一次跟顧客接觸，就是你為你的服務大作增添色彩的大好機會。

　　傑出的服務供應商總會尋找機會，拿出調色板加上幾筆，讓整個畫面更加生動，給人留下深刻印象。在面臨減少浪費的問題時，傑出的服務供應商知道這幾筆的重要，只要能讓顧客感受到，就不算浪費。這才是讓企業能健全發展的做法。

網路上以流程為主的前瞻式服務

　　透過網路跟顧客打交道時，你有機會借助軟體的演算法（algorithms），設計或提升前瞻式服務，為顧客提供個人化的指導和協助。最好的前瞻式演算法，可以藉由分析顧客以往在網站的交易行為，並考慮顧客本身與網站的互動，協助

顧客在該買哪一種複雜服務或產品時做出抉擇。

　　Netflix線上租片公司就屬此例，其以演算法為主的程序異常複雜，是以之前顧客的幾百萬個行為為基礎。這個演算法讓Netflix準確預測哪些片子能吸引哪位顧客。這個軟體還能在顧客第一次挑選影片前，根據顧客的性別、郵遞區號和在該網站的「搜尋風格」等變數加以衡量，以此推測顧客喜歡哪類影片。

　　通常，人們對前瞻式服務的反應是很興奮也很感激。因此，Netflix能猜出顧客心思，當然會讓人留下深刻的印象。這個網站的常客會覺得自己跟Netflix有某種「關係」；他們覺得這個網站好像很「懂」自己喜歡什麼。Netflix就是這樣建立起超強的顧客忠誠度，它是網路上最受喜愛的顧客服務網站之一，即便從未跟顧客有過直接接觸，卻廣受顧客愛戴。

　　但是，在你急著把自己的企業變成Netflix之前，別忘了我們在第五章討論過，在網路上若不小心，很容易就從「無所不能」變成「鬼鬼祟祟」。因此，網路零售商應該依據追蹤顧客IP位址查出的以往交易行為提出選購建議，或者該等到顧客主動登入後再提供建議呢？總是按捺不住想挑戰極限，對吧？畢竟，如果你分析顧客在你網站上的所有交易行為，或許你就能讓自家網站更符合顧客的需求。

　　但是，你也要考慮不利的一面：顧客想要讓你在他們未登入前就追查他們以往的交易行為嗎？你想冒險承擔由此帶來的負面影響嗎？比方說，因為家長曾經上網瀏覽情人節禮物，結果讓你一不小心向他們的子女推薦花邊性感內衣。

　　我們認為一個有責任心的服務供應商做出的決定必須確實符合顧客的利益，不只是表面上看似在為顧客服務。所以，在使用網路預測技術時要拿捏好分寸，別讓顧客認為貴公司鬼鬼祟祟。

善用工具來收集顧客體驗的相關資訊

　　有很多現成的工具可以幫你把顧客的觀點融入你提供的各種產品或服務中。你可以考慮運用下面一種或多種方法：「內部小測試」（小型顧客調查）、「深入調查」、以及透過「祕密客」收集有關顧客體驗的資訊。

內部「小測試」

　　在現場進行提問三到七個問題的小調查或「小測試」，通常參與率會很高。相較之下，在顧客走後寄送調查問卷詢問，或不管是當場提供還是事後寄送完整的調查問卷，顧客的參與率都低得多。

深入調查

　　不管公司規模多小，深入調查對任何企業都很有用。如果貴公司規模夠大，可以產生一定數量的調查數據，你應該妥善管理這些數據並進行科學分析，最好是尋求外部專業機構一起合作。但是，如果你決定進行深入調查，一定要親自參與調查的設計和管理，因為要是調查結果提供給你一大堆答案，但問題卻問錯了，那麼進行這種調查根本毫無意義！你不妨考慮下面幾點：

> ➤ 調查應反映出跟顧客的好惡和需求有關的最重要問題。設計得好的調查問題措詞明確、直接講清楚你想查明什麼。

> ➤ 調查應包括自由填寫區域，藉此找出你從未想過卻新穎出奇的反應，並讓顧客有自由表達意見的機會。

> ➤ 跟調查有關的問題和介紹，應以取得有意義回應為設計宗旨。在調查中，要顧客跟數學家一樣（「請估計一下，你這個月再次光臨本店的機率有百分之幾⋯⋯」），這樣只會讓人困惑受挫。千萬不要先問一些個別問題，然後才迂迴地詢問總體評價，這樣做簡直本末倒置。正確的做法是，先問總體評價，因為這是反映顧客直覺的最重要評價。在調查結束時，則

以「非常感謝您對我們的信任！」這樣的語句做總
結，這會幫助你拉攏顧客站在你這邊。但是，不要一
開始就說些好聽話，這樣得到的評價結果就會失真。
而且，不要用「非常好」做為評價類別，「非常好」
很難定義，要找一些能夠表現顧客自身體驗的標準。
「超出預期」就是一個合適的措詞，可以做為最高評
價，或用一些帶有情感色彩的措詞，像是「很喜
歡！」當作最高評價。

➢ 最能代表顧客忠誠度的兩個問題是「是否打算再次光
臨」和「是否願意推薦給其他人」。這兩項如果得分
最高，就強烈暗示這是一位忠誠顧客。

➢ 從開始到現在，你可能會懷疑我所說的是否正確，但
是根據我們的經驗，跟所有調查項目的平均值或總體
滿意度相比，調查表中「最高分項目」的得分（得分
最高項目，尤其是在「是否打算再次光臨」和「是否
願意推薦給其他人」這兩項給分最高）對貴品牌來說
更加重要。換句話說，給你最高分、給你最高評價的
顧客能增加貴公司的策略價值。這些人才是你的忠誠
顧客。也就是說，在設計妥當的調查中，看到許多項
目得了10分（如果最高分是10分）和少數幾個4
分，你應該比看到各個項目都得7分更覺得高興才

對。給你7分的不是忠誠顧客，不會大力宣揚你的品牌、幫你的品牌打知名度。而且，利用從本書中學到的技巧，你就不會被調查中少數幾個4分嚇到：你會馬上在這些方面力求改進，在下次進行調查前，把分數從4分提高到10分。

> 服務密技>
> ## 讓顧客迅速變心的六大調查錯誤

1. 收到負面意見卻不予理會，也不親自且立即給予回應。其實，收到負面調查意見時最好迅速回應，打電話（大多數情況下這種方式效果最好）或利用電子郵件回覆。這種情況下，親筆信函要花較久的時間才能到達顧客手中，這中間難免會讓顧客心生不滿。拿到一批調查意見時，可別看都不看是否有負面意見需要立即回覆，就把整批意見擱置一旁日後再集中處理。

2. 沒有親自向調查中給你好評的人表達謝意。在這種情況下，最適合以親筆信函致謝。

3. 給予配合完成調查顧客的獎勵跟貴公司的形象不符，或提供中獎機率很小的抽獎，根本毫無意義。（與其給予這種獎勵，不如簡單一句「我們真心力求改進，

如果您願意，請參與我們的調查，協助我們把工作做得更好。」）

4. 讓顧客加入「顧問委員會」或擔任類似的榮譽職務……之後卻只在需要拿他們做宣傳時才跟他們聯繫。

5. 設計的調查問題過多，沒有簡短的問卷可填，也無法跳過任何一部分。（你要顧客一題不漏地答完三十個問題，真的只是想了解顧客的喜好嗎？）

6. 問一些侵犯個人隱私的問題（如收入或性別），而不是把這類問題做成可填可不填的選項。別以為受訪者會完全信任你的保密措施。

祕密客

專業的「祕密客」（secret shopper）會隱藏真實身分與貴公司接觸，之後再詳細跟你報告他的購物體驗。對有些行業來說，這招相當管用，從完全局外人的角度審視整個流程，對某些公司來說相當有幫助。公司成員對於內部職權階級以外的人士所給予的批評，也會有不同的反應，這些人跟他們沒有利害關係。有些員工會發現，在局外人指出他們的服務有什麼缺失時，他們更容易接受並會馬上做出重大改變。

　　另一方面，就像外部調查一樣，利用祕密客調查的企業必須明確知道自己想測試什麼。對貴公司來說，或許重要的項目既特別又微妙。所以，外部服務調查機構採用的通用調查表根本派不上用場，你要和他們一起合作，確保對方設計出的調查表，正視你想要了解的事項。

服務密技>

用3D儀表板帶領公司前進會容易些

　　理論上來說，你不用儀表板也可以開車，但你遲早會因為超速被抓，不然就是沒油了或引擎過熱起火。如果你使用儀表板，那麼上頭的指示燈會提早發出信號，讓你知道這些危險即將出現。企業也需要有個儀表板——有醒目的量表和預警信號，讓你及早防範可預見的問題。

　　我們推薦的這種儀表板不單單只是傳統「數據式」的測量指標，光靠這類指標來經營企業就像是看著帳本做生意（「你看，我現在沒透支，一切應該都沒問題。」），這並不是管理企業的全方位做法。儀表板概念講究的是簡單明瞭，不必管一大堆數字，可以把重要資訊擺在最前面。所以，你的儀表板上要顯示跟公司健全

發展有關的一些「數據」指標，像生產能力、收入和支出狀況，另外至少要包括一些其他同樣重要的指標，比方說：員工參與度、解決問題的成功率和顧客忠誠度。（忠誠顧客願意向他人推薦也願意再次惠顧貴公司，現在你是逐漸流失這些顧客，還是爭取到更多這些顧客？你應該能從儀表板上一眼看出這些問題的答案。）這些「軟性的」指標可以從你偏好的追蹤工具取得，也就是你對顧客進行的「小測試」、深入調查、祕密客提供的意見、員工提交的報告，以及管理階層和人力資源主管針對員工參與度收集的數據。

從流程下手，改為從人員下手

當你能夠預料到顧客想要什麼，這表示你密切留意並關心顧客，這正是顧客沒有明說，卻都渴望得到的一種關注。在許多行業，其實你賣的就是這種關心帶給人的愉悅：也就是給予顧客相當多的關注。諷刺的是，我們提供給顧客的最昂貴事項——完美無瑕的產品——只是塊敲門磚。唯有給予顧客貼心的關照，你才能與眾不同，贏得顧客的忠誠。

要透過前瞻式服務建立顧客忠誠度，並不需要有奢華品

牌或專門的服務，只不過企業究竟該如何滿足顧客需求，這方面的細節會因為顧客本身的期望和文化背景而有所不同。舉例來說，人們希望迪士尼樂園的員工能帶著輕快的步伐提供服務，他們確實也必須這麼做。相較之下，高級水療中心的服務卻要和緩細膩。根據我們的經驗，從高爾夫球場到Google搜尋網站、甚至是加油站，不管什麼企業都能從打造前瞻式服務的文化中受益良多。

假設有個人總是在早上到當地的迪諾加油站加油。他是加油站的常客，對他來說上班時順路在這裏加油很方便。但是，從辦公室回家途中，他不會為了光顧這家加油站，多開半哩路再掉頭來加油。如果不那麼方便，他就會去其他地方加油。

迪諾加油站那位服務親切又貼心的員工能不能做點什麼，把這位常客變成忠誠顧客呢？換句話說，有沒有辦法不花錢就讓這位趕時間的客人以後願意多開半哩路，也要來這裏加油，來這裏採購像牛奶、雞蛋、點心這些讓店家賺得更多的商品，甚至在這裏維修汽車？

我們鼓勵客戶依照這個情況進行角色扮演，了解迪諾加油站可以採取什麼做法，把他們變成忠誠顧客。我們讓英格雷利做示範，由他扮演顧客的角色：

　　服務人員應該多留意這些常客，他們經常光顧、卻還算不上是忠誠顧客。如果服務人員有心，就會知道這些常客來過很多次，那麼他會注意到這些顧客信用卡上的名字——畢竟現在幾乎每個人都刷卡加油——至少在道謝時稱呼我的名字。如果服務人員做到這一點，或許就能更進一步跟我拉近距離，比方說：

「這名字挺有趣的，要怎麼唸？」

「英—格—雷—利，」我會說。

「這名字很不錯，您是哪裏人啊？」

「我在義大利出生。」

「哇，義大利！我看過照片，義大利真是美極了。您在義大利的什麼地方出生？」

「我在羅馬出生。你是哪裏人？」

「我出生在牙買加。」

「牙買加是個很棒的小島，我去那裏度過假，是去蒙特哥灣。那兒離你的家鄉近嗎？」

「我出生的地方比較靠近金斯敦。」

　　然後繼續聊下去。

　　順利的話，這位服務人員透過這種交談，已經跟顧客產生情感連結。下次英格雷利再來加油站時，服務人員會怎麼

做呢？他可能會說：

> 「英格雷利，歡迎再次光臨！我好久沒見到您了，您
> 去歐洲了嗎？」
> 「沒有，我只是去紐約探望朋友，在那裏待了幾天。」
> 「您探望的這些朋友也是義大利人嗎？」
> 「不是的，他們老家在費城。」
> 「哦，那不好意思，」他笑著回答說。

加油站這種地方似乎再平常不過，這位服務人員卻提供前瞻式服務。他花心思記住顧客的姓名、喜好和生活背景。因為幾乎人人都渴望得到這種關注，這位服務人員的行為可能剛好滿足英格雷利沒說出口的願望。結果，顧客可能開始對這位服務人員產生一種忠誠感，擴大來說就是對迪諾加油站有了忠誠感。這種關係繼續發展下去，不久後英格雷利就會不嫌麻煩，就算在交通顛峰時段，也會多開半哩路掉頭來這裏加油。

一旦成為忠誠顧客，迪諾加油站即使偶有失誤，顧客也會原諒。這是培養忠誠顧客獲得的一項重要優勢。當顧客只是對你還算滿意的時候，在你出錯時，他原本對你的所有好感又重新歸零，這種情況算是很好了。相較之下，現在這位顧客對迪諾加油站已經產生情感依附，即使加油站的員工偶

爾出錯，也不至於把顧客心中長久以來對加油站的好感抹殺掉。

服務密技>

數量不是藉口：我們啟動流程吧

　　有些企業根本不想努力記住每位顧客、了解顧客的喜好或習性，通常他們總會拿「數量」當藉口：「我們每天要接待很多顧客，根本沒辦法制定一個流程，要我們記清楚每位顧客。」這個藉口本身就令人存疑，我們卻常聽到這種說法，就連律師事務所這種顧客人數比加油站少得多的公司（這時每位顧客對公司獲利的影響都大得多）也這麼說。其實，在這種情況下，迅速記住顧客的一些小細節，方便日後招呼顧客，完全要看員工個人願不願意去做。所以，你該問的問題是：你能「記住」多少顧客？我們確信答案是，你能記住幾百位顧客。我們並不是要你必須記住他們生活中的每個細節，其實你只要記住幾件小事就行。（當然，如果你要把顧客的詳細資料和喜好做更複雜的運用，我們建議你使用電腦輔助記憶系統，詳見第五章的討論。）

　　假設你在加油站拼命工作，一人負責12個油槍。

每個油槍每小時有10位顧客，每小時就服務120位顧客，工作八小時大約服務960位顧客。許多顧客是在油槍前付費，也就是說你一天可能要跟幾百個人打交道。其中或許有25%是常客，我們建議你多和他們互動：儘管這是個非常忙碌的行業，你一天可以和50位常客多多拉近關係。當然，在大多數行業裏，每天要打交道的常客可能比這少得多。

不過，你要馬上開始行動。

從常客過渡到忠誠顧客，要巧妙拿捏這中間的平衡，就要靠人際關係的技巧，也就是要靠你雇用訓練有素、受到激勵要把前瞻式服務做到最好的員工。（在上述的例子裏，加油站的這名員工應該要會察言觀色，如果發現英格雷利有些不耐煩或不想被打擾，就要適時閉嘴。）物色、培訓和激勵這樣的員工是極重要的關鍵，當然還要利用適當的獎勵方案來激勵員工這麼做。我們很快就會深入探討該怎麼做。

先喘口氣，等你準備好了，我們就繼續講下去。

第 7 章

員工的挑選、
職前講習、訓練與強化

　　基本上，前瞻式服務的藝術需要有適當的人員配合。你挑選的人要適才適所，明白自己在貴公司工作的目的，得到領導者的激勵，接受必要的技能訓練，還要每天加強本身的技能。

　　接下來，我們就進一步討論該怎麼做。

江山易改，本性難移：挑選員工要看個性

　　如何在公司各階層安排最懂得預先設想顧客需求的適當人選呢？你可以從改變人才招募方式做起，從大多數職位重視技能的做法，改變為更加看重個人天賦。讓待人親切、有洞察力、負責任又讓人覺得舒服的求職者來試試看，即便是要放棄另一位履歷表更符合工作要求的求職者也值得。

　　為什麼這麼做？雖然我們都希望人的性格特質和習性，會在某個人生階段出現改變，但是在長大成人後，這種改變卻很少出現。幾十年的研究已經再三證實，大多數人在成年後或多或少還保留原本的某些性格和習性。所以，如果珍在壓力狀態下總是很容易跟人爭吵，那麼她很可能在以後數十年內都會有這種傾向；如果傑克現在很有耐心、願意傾聽他人說話，那麼他年老時很可能還是這樣。

　　我們能否確定不管哪一位員工都會符合這種規則？當然

不能。但是成功的企業是靠一連串精打細算的推測，而不是靠保證。最可靠的推測就是，員工的性格和習性已經根深柢固，日後不會再改變。每當你為品牌挑選代表時，就要把這一點牢記在心，這樣貴公司就能在同業間脫穎而出。認清這一點，你就會明白我們為何建議你採用現今評量性格與習性的最佳工具，這樣你就能利用適當的測試和評估，找到你想找的人才。

　　難道聘用最具相關工作經驗的人就不重要嗎？答案通常是——不重要。工作技能可以教，但要教一個人有同理心、有幹勁或懂得變通，幾乎是不可能的事。所以，你要依據個性來制定你的人才招募流程，比方說你要找的特質是待人真誠、和藹可親、語言表達能力強、有責任感、說到做到等等。列出對貴公司來說最重要的性格特質。

　　我們自己的公司招募人才時，發現以下這五項特質最重要，這五項特質也適用於挑選服務人員，不管是醫院、銀行、技術服務部門和網路花店的客服中心都適用。

1. 待人真誠和善

　　問問你身邊的朋友，他們希望自己的配偶有什麼特質，大家的回答會有些不一樣。但有趣的是，一項又一項的調查都顯示，不同文化背景的男性和女性都認同的最重要特質

是：和善。相較之下，他們最看重對方的真誠和善（或者，有時也說成和藹可親），這項特質甚至比外表吸引力、共同興趣或事業成功更為重要。從嬰兒期開始，和善就讓我們相信別人不會表裏不一、背叛我們或在我們最脆弱的時候拋下我們不管。

　　人們天生就能迅速察覺對方的態度和善與否，也非常擅長察覺誰是假惺惺，誰是真心。所以，雇用待人冷冰冰的客服代表，卻希望透過訓練讓他們接待顧客時裝出一臉和善，這樣做根本很愚蠢。顧客跟每個地方的人一樣，非常擅長察覺誰在假惺惺。

2. 有同理心

　　和善跟有同理心是有相互關係的，但是知道兩者之間的區別，確保員工都能展現這兩種特質，對企業絕對有幫助。了解兩者區別的一種方法是：和善指的是對他人真誠表達正向情感；有同理心則是有能力理解他人處境，並知道在這種情況下該怎樣伸出援手。

　　舉例來說：瓊是一家公司的員工，她和善有餘卻沒什麼同理心。因為她很和善，我們知道老客戶突然說他剛失業時，瓊會想說一些適當的話。但是如果沒有強烈的同理心，瓊就不知道在這種情況下怎麼做才會對客人有幫助，怎麼做

可能弄巧成拙，怎麼做其實會讓這個可憐的傢伙更加痛苦。

現在以跟瓊在同一家公司工作的凱文來說，凱文非常和善又有同理心。他很關心客戶，但他也知道什麼時候該避免詢問私人問題，什麼時候可以提供意見，什麼時候只要問些溫和的問題就好。同樣是這個客戶，凱文一定能讓他覺得有人懂他、支持他，而且溫柔地鼓勵他。

3. 樂觀向上的態度

服務可能是很費力耗神的事。剛進這一行時是這樣，做久了也一樣。挫折是常有的事，有時候運氣還很背——如果你很容易看事情過於悲觀，你就沒辦法從失敗中站起來。心理學家馬汀・塞利格曼（Martin E.P. Seligman）研究過正向態度對企業的重要性。塞利格曼的研究顯示出在許多職位上，包括那些他稱之為「讓人心力交瘁的工作」，取決成敗的最重要關鍵不是智慧、運氣或經驗，而是員工具備的是「樂觀解釋型態」（optimistic explanatory style）❶，或是悲觀解釋型態。因為悲觀的態度（「那位顧客不會真正想聽我說的」）往往會導致一種自我應驗預言的效應。（「我現在不能突然打電話給那位顧客——我們好幾個月沒聯絡了，她可能已經把業務轉給別家公司接手了。」）

員工理解因果關係的方式，對他們在服務崗位上的表現

會有幫助。就拿凱文這個既和善又有同理心的員工來說，如果他也很樂觀，他就不會因為顧客把挫折情緒發洩在他身上而感到情緒低落——他很容易就重振精神，活力充沛地投入工作。當顧客的訂單出了差錯，悲觀的服務人員會因害怕而不知所措——既怕影響到顧客，又怕連累到自己。

　　（不過，貴公司也要有一些帶點悲觀傾向的員工。悲觀也有積極的作用：能思考周全謹防出錯，避免一時衝動或魯莽行事，不會輕易滿足於「現在一切都很好」的迷思中。在任何企業，對於某些職務而言，從金融預測專家到安全人員，甚至是專職司機，過度樂觀是非常危險的。在組織裏不同職務有不同的標準，並沒有一個標準能適用所有職務。）

4. 團隊導向

　　現在再想像一下，凱文以和善樂觀又具洞察力的方式，跟情緒低落的顧客互動。但是，如果凱文不擅長把顧客的情況及時反映給其他團隊成員，也拒絕他人的幫忙（「你知道，我一個人就能應付」這種心態）。對任何一個關係緊密的團隊來說，凱文這種工作方式可能會惹出麻煩。如果凱文缺乏團隊精神，他就會破壞整個團隊的合作成效。

5. 責任心

責任心是一個涵義較廣的特質，包括負責、職業道德、勤奮、注重細節等觀念都可以歸為責任心。有責任心的員工會盡量把事情做好並以此為榮，這類員工密切關注自己的工作、做事井然有序且有始有終。如果缺乏責任心，就算再怎麼和善、有同理心、樂觀和有團隊精神都不夠。對這樣的客服人員，顧客會說出諸如此類的話：「沒錯，凱文很懂得鼓勵別人。他好像真的很懂我在想什麼，幫我聯繫到許多資源。但我很難找到他，他經常隔好幾天才回覆我的電子郵件，就連最基本的事他也忘記做，更糟糕的是，他今天打電話跟我說，他把我的資料弄丟了！抱歉，我已經受夠了。」

不管你制定哪些性格特質做為用人標準，你必須把這套標準貫徹到底，尤其是在公司迅速發展階段，更要寧缺毋濫。這種時候其他人可能會向你施壓，要你趕緊填補空缺，你就要堅持到底。

保持較高的招募標準

要耐得住誘惑，不要為了填補空缺而聘用素質較差的員工。大多數情況下，寧可讓優秀團隊暫時負荷過多的工作，也比讓不合適的人員加入團隊要強得多。對服務導向的人來

講，很難接受這個原則，因為我們想趕緊有人手接聽電話。是的，這確實很重要！不過，原本高效能的團隊會因為加進一位不合適的人員，而影響整個團隊的情緒。這位不合適人員的職位愈重要，團隊受到的影響就愈大。

我們觀察到，當你用錯了一個人，整個團隊的工作業績久而久之就會持續下滑。要了解其中原因，我們不妨想像一下有一群跑者，每週日晚上聚在一起訓練，大家的速度各不相同。馬蒂跑得快，速度是六分三十秒，汪達的速度是七分三十秒，也很快。英格雷利跑八分三十秒，伊茲拉跑九分鐘。那麼整群人的速度是多少呢？就是這群人裏面跑最慢的速度：也就是伊茲拉的九分鐘。馬蒂遲早會說：「喂，九分鐘太慢了，我退出。」他會去其他地方加入一個跟他速度相近的跑步團隊。經商之道也是如此：當你聘用一位不合適的員工，你不僅讓公司受到拖累，還會讓表現最好的員工萌生辭意。

而且，你可能還會流失最棒的顧客。每當你的團隊成員大多數都很優秀，但不是個個都優秀時，通常顧客至少會碰到一位不太稱職的員工。我們都知道顧客往往會以他所遇到、整個客服鏈中最薄弱的一環，來評價貴公司。因此，少數幾位表現較差的品牌代表，就會破壞你費盡心思才建立起來的顧客忠誠度。

制定人才遴選規則

制定有效的面試和遴選流程必須靠紀律。許多企業利用招聘機構所提供、以科學方法為主的人才選拔方式來挑選員工。英格雷利就經常使用Talent Plus這家管理顧問公司開發的面試設計資源，所羅門的公司則利用卡利普人力資源顧問公司（Caliper）的系統，得到很好的成效。跟利用外部調查資源時一樣，當外部機構或系統適合貴公司自己的招聘標準時，就能獲得最佳成效。

無論你決定哪種遴選方式最適合貴公司，都要把公司內部的人員參照標準考慮進去。這表示你要運用系統化的方式，把每位求職者的情況跟貴公司最優秀的員工和一般員工做比較，看他們是否相配。（起初你不會有詳細的人員參照標準做參考，你可以隨著時間演變慢慢累積，掌握足夠的資訊就納入遴選流程。）

一旦你確定採用某種科學方法來篩選員工，就不要只把它當作「佐料」——隨性在這裏或那裏撒一些，不合你口味就不加了。不管你決定用哪種遴選流程，都必須用於每次招聘。否則你根本不可能知道這套流程是否有效，有什麼地方或許需要改進。

建立有效的職前講習流程

你確定你知道員工在上班第一天做何感想嗎？有沒有可能是像下面這種情況：

> 美體小鋪（Body Shop）的總技師瞧瞧新進員工說：「歡迎你到我們這家店上班。你說你叫什麼名字？吉姆？哦，對。好，歡迎你來我們這裏，吉姆。讓我看看你的制服，嗯；還有你的鞋子，好。你有鉛筆跟筆記本嗎？好的，都齊了。那好，你跟著比爾，他會帶你熟悉店裏的一切。」
>
> 於是，這位新進員工就跟著比爾。比爾自從 2002 年因為職業道德問題被降級後，就滿肚子怨氣。此後，比爾最喜歡的工作就是幫新進員工介紹店裏的狀況。比爾帶著吉姆走到老闆聽不見的地方，面帶倦容地跟吉姆微笑並說：「我來告訴你這裏究竟是怎樣工作的……」

這世界每天都會上演這一幕，這種隨隨便便的職前講習，會讓員工心裏留下久久揮之不去的負面印象。而且，主管和經理通常不知道發生這種事。所以，千萬不要把跟新進員工接觸、這種寶貴的第一時刻給浪費掉（或毀掉）。制定一個有效又周到的職前講習流程。

利用職前講習灌輸新的價值觀、態度和信念

　　新進員工剛進公司那幾天，特別容易受到他人的影響，尤其是上班第一天。這是因為開始任何新工作都會茫然不知所措，心理學家就證實，在這段期間裏，人們特別容易接受新的角色、目標和價值觀。至於員工在這段期間究竟會接受哪些新的價值觀和信念，有很大的程度取決於你的職前講習方案做得如何，如果做得好，你就能灌輸新進員工具有建設性的價值觀和信念，若做不好就會讓比爾這類員工有機可乘，跟新進員工灌輸那種具破壞性的價值觀和信念。

　　把這一點牢記在心，我們建議你在職前講習時，不要只強調實際技能，而要灌輸新進員工最重要的態度、信念和目標。把重點放在對貴公司最重要的內容上，比方說：核心顧客服務原則、企業價值觀、讓員工知道自己是落實公司整體使命的核心環節，並了解怎樣協助公司達成使命。不要把職前講習浪費在一些無關緊要的細節上。（例如：「這是休息室，我們每週五都會清理員工用的冰箱。」）

　　盡可能讓領導高層，最好是執行長親自在職前講習上，介紹公司的價值觀、信念和目標。聽起來有點不切實際，甚至不大可能，是嗎？但你想想：麗池卡登集團前總裁舒茲在任職期間，該集團在世界各地每新開一家麗池卡登飯店或度

假村，舒茲都會在開幕當天親自跟新進員工做職前講習。現在他在嘉佩樂和索利斯這些飯店和度假村，繼續保持這項傳統。

　　所以，想想辦法該怎麼把職前講習做好；畢竟，新進員工就職第一天這種關鍵時刻機不可失。

定義員工工作的根本目的

　　職前講習還有一個特別重要的方面，就是確保新進員工了解自己在公司的根本目的，並察覺到其重要性。物品只有功能，但人可以同時具備功能（日常工作的責任）和目的（這份工作為什麼會存在）。（舉例來說，我們在本書一開頭提到的那位工程師，他走下梯子的目的就是「要讓客人有一個難忘的體驗」。）

　　如果員工明白自己在公司還有一個最根本的重要目的，那麼員工對待顧客的態度也會不一樣，除了善盡職責外，員工會更努力了解顧客需要什麼，發揮創意滿足顧客的需求。這可能是一項龐大的資產，當遇到令人困惑或壓力沉重的時候，包括意想不到的狀況發生時，這項資產就會發揮極大的作用。

　　即使在一般情況下，從上班第一天開始就有一個簡單的

認識，結果也會大不相同。你是否有過這種經驗，你進到購物中心，一臉茫然地盯著樓層圖看，然而警衛卻無所事事地站在那裏「保護」著你，他離你不過兩呎的距離，他有沒有主動上前詢問「您想找什麼，我可以幫您嗎」？如果這名警衛是在我們公司上班，他一定會這麼做。我們在職前講習時，就會開始讓這位警衛明白自己的更崇高目的是：為顧客創造一次難忘的購物體驗。當然，這項職務包括制止及抓住壞人，但也包括為那些一臉茫然的顧客提供周到的服務。

職前講習流程比你預期的更早開始

從你告訴員工被錄用的那一刻起，職前講習的流程就開始了。從那一刻起，你每次跟這位新進員工的互動，都會影響他對貴公司的看法。所以，你要認真考慮跟這位新進員工的每次接觸，包括貴公司寄給他的正式信函，當他打電話詢問有關薪資福利的問題時你該如何回答等等。

然後，職前講習流程就應該進入下一個項目，也就是最具有情緒感染力的到職當天，這是一個單獨安排的活動，象徵著過去與未來的分界線。到職當天的職前講習傳遞一項重要訊息：從此刻起，你的職場生活、你的設想，甚至你的職場價值觀都跟以往不同。

人員到職當天，事事都重要

　　職前講習方案中看似無關緊要的事，也會影響到新進員工跟貴公司的關係。要了解職前講習的這些方面有多麼重要，我們就假設你是接受職前講習的新進員工吧。你剛剛接受出任某公司助理副總裁的職務，這件事讓你興奮不已。但直到報到當天，你才發現你辦公桌上的電話還沒有接通，也沒有電腦登入帳號、名片、或你需要的大多數東西。但是公司三個月前就知道你要上任了：他們有很多時間能替你準備名片、工作證、公務信用卡和停車位，這些能協助你馬上開始工作的實用物品。你已經察覺到上班第一週猶如置身地獄，你開始對你簽約的這家公司心存質疑。在還沒參加正式安排的職前講習前，你對公司的印象已經很糟了。

　　現在假設你在上班第一天，也就是你開始就任新職位最重要的一天，你被擠進一間亂糟糟的會議室，你拿到一疊印得歪七扭八的資料，還得在嗡嗡作響的日光燈下看資料，周遭四處擺放著電腦設備。現在你的潛意識接收到這種種訊息，你心想顧客得到的服務可能是不合格、既過時又雜亂無章。這種職前講習真是嚇人！在這種情況下，公司那位資深副總裁還特別強調「追求卓越是公司至高無上的價值」，實在讓人感到可笑。

　　所以，輪到你來負責職前講習時，一定不要給員工留下不好的印象。先找公司重要幹部來預演一下第一天的職前講習，一直演練到你能把職前講習的流程進行得流暢精彩。進行職前講習的房間要準備妥當，把座椅擺放整齊，所有東西都收拾乾淨，所有視訊設備都先測試好。準備簡單的茶點，例如：熱咖啡、小餅乾，記得擺放整齊。只用印製妥當、仔細校對過的最新資料。（不要怕浪費，多印幾份以備不時之需。）

讓新進人員成為代表公司的品牌大使

　　經過第一天的激情演出，接下來就進入訓練新進員工工作所需技能的漫長流程。最重要的是，你要啟動「品牌大使」（brand ambassador）這個流程：這是將新進員工轉變成公司優秀代表的過程。這個過程需要多久的時間，要看品牌屬性、員工素質和員工職位而定。培養一位品牌大使可能要花兩、三個月、六個月或一年的時間。可以確定的是，這絕對不是一週、兩週或幾天就能完成的事。

　　千萬不要讓新進員工在沒有完成職前講習流程前，就代表貴公司跟顧客接洽。絕不能拿顧客讓新進員工練習，唯一的例外狀況是，讓新進員工「跟著」另一名資深員工學習，

並明確表示自己是新人，這樣就可以防止新進員工給顧客造成任何不便。

服務密技＞

人人皆專家

　　我們建議非主管人員（不只人力資源部，也包括營運部門的員工）都要參與部門的招募、遴選、面試和職前講習。（注意，你跟求職者之間的關係具有一定的法律敏感性，所以你要認真看待此事；而你的員工也必須經過訓練和督導，才能承擔這項責任。）對於團隊中任何一位有服務意識的員工，有機會參與招募工作會讓員工對公司有種自豪感、責任感和歸屬感。藉由現有員工向新進員工展現公司的積極願景，並讓現有員工參與招募遴選的工作，自然會讓員工有種使命感，願意更努力工作。所以，你在這方面投入時間和精力進行督導，是相當值得的。

訓練員工仔細預想

　　打造一支優秀的服務團隊，其中一個關鍵環節就是教

導。你必須做出重大而持續的投資，教導員工妥善完成工作所需的技能。企業通常把本身進行的教導工作稱為訓練，但訓練不過是教導的另一種形式。

如果你認真觀察過任何一位老師，你就明白老師的工作有多麼艱辛，不像表面上看起來那麼簡單。學生要經過好幾週的密集訓練和指導學習，最後才能成為知識豐富、博學多聞的專家。企業訓練人員的工作也不簡單，唯有經過好幾個小時的專家指導、訓練和實習，才能培養出高效能、持續一致的服務專業素養。

卓越的訓練牽涉到的種種困難和麻煩是無法避免的，但你投入的時間和忍受的麻煩真的很值得。了解怎樣的訓練最適當並努力做到，將使得貴公司能夠在競爭日益激烈的市場中取得優勢。只有極少數的企業和企業領導人展現出這種毅力，為了培養優秀的員工、維持高水準的服務，努力做好訓練工作並貫徹到底。如果你有這樣的毅力和遠見，一定能協助貴公司在同業中領先群雄。

服務密技 >
熱愛訓練

　　從中世紀開始，技藝高超的工匠就會招收年輕學

徒，教導他們手藝，這個過程要投入十年的青春。在講
求效率和速度的現代，強調長時間的密集訓練似乎已經
過時了。但是領導階層的重要職責就是，確保師父耐心
謹慎地把重要技藝傳授給徒弟，讓徒弟能得到真傳也精
通技藝。傑出的企業知道自己必須成為「學習型組
織」：要向顧客學習，向員工學習，也要向競爭對手學
習。傑出的企業也是「訓練型企業」，這樣才能學以致
用；否則，組織學習又有何用？

　　我們建議你先制定適合貴公司的特定訓練課程（自己制
定或跟訓練機構合作）。課程的具體內容要根據所屬行業、
企業文化和顧客期望而定。

　　不管你的企業需要什麼，我們鼓勵你把重點放在訓練員
工如何在這兩個優先事項中取得平衡：一是為每位顧客提供
前瞻式服務，另一項同等重要的是跟顧客保持一定的安全距
離，尊重顧客的個人隱私。我們有時會這樣比喻：就像橫衝
直撞的人進到瓷器店裏要小心翼翼一樣。這兩者之間的平衡
很難量化，需要時間和經驗的累積才能掌握其中的奧妙。但
是，一旦你取得兩者之間的平衡，就能讓顧客忠誠度穩定提
升，這部分是可量化的績效。

　　我們就以實例檢視，看看怎麼做到兩者之間的平衡，這

個例子我們最熟悉不過，其實就發生在我們身邊。我們兩人（英格雷利跟所羅門）正在討論這本書，我們坐在機場舒適的貴賓室裏。幾分鐘前，英格雷利說話時，一位舉止優雅、衣著整齊、彬彬有禮的服務人員打斷了他。你覺得她這樣子透露出自己有什麼不足嗎？訓練不足。那麼我們來看看訓練在這種場合下如何發揮作用。

　　本來很不錯的員工卻總在不經意間闖進別人的安全地帶，透過訓練，就能確保貴公司的員工不會犯這種錯。假設你當初挑選員工時就留意員工是否有同理心和其他必備特質，那麼經過適當的訓練，就能讓員工把以下這些原則當成習慣。下面就是我們要強調的原則：

　　原則1：服務從顧客跟你接觸的那一刻就開始了。服務的首要步驟是真誠親切的問候。要怎麼做呢？從我們所在機場貴賓室這個位置，一抬頭、一轉身，就看到一名員工從服務人員專用門走出來。他也看到了我們，並以真誠的微笑跟我們打招呼。於是，「開關」打開，服務啟動。

　　但是，也許我們根本不需要任何服務。這時，這位員工必須繼續保持跟客人的眼神接觸。如果最後他發現我們只是隨便抬頭看看，他會明白並微笑示意，我們可能對他笑笑又繼續埋頭工作。於是，服務過程到此結束，這位員工已經用

微笑讓我們放心了，他就該離開，因為我們沒有要求服務。

　　原則2：懂得察言觀色，了解顧客傳達的口頭或非口頭訊息。當顧客和客人沒要你幫忙時，他們就不想被打擾。如果他們需要什麼，他們會開口。難就難在顧客「問」得非常巧妙，但是員工必須要有足夠的技巧去識別，就好像顧客明確指示一樣。

　　我們可以運用「角色扮演」來練習這項原則，就從這一幕開始演練起，我跟所羅門兩人正坐在貴賓室裏交談；所羅門轉頭望著，因為他隱約察覺到有位員工走進來，他跟那位員工彼此目光交會，員工對他微笑。所羅門看了員工一眼，也回以微笑，仍然保持著眼神接觸。

　　這些就是足夠的線索：現在這位員工必須再走近一點，跟所羅門打招呼（「早安，您需要什麼嗎？」）。為什麼員工要這麼做？因為顧客傳達的非口頭訊息是：「我看到你了；你還對我微笑，那太好了。但我正想透過保持眼神接觸，讓你再靠近一點。」（如果什麼都不需要，所羅門就會結束這種眼神接觸，像情境一的情景一樣：他會轉頭繼續跟英格雷利交談。）

　　原則3：跟顧客的步調一致。對待十分健談、悠閒漫步的旅客，跟時間緊迫、不愛交際的銀行家，絕對不能用同一

套方式。服務人員的職責就是要了解這一點。

　　原則4：安全距離是顧客的避難所。如果此時不是打擾顧客的好時機，那就不要打擾顧客。安排服務程序和時間點時，你必須依據顧客何時方便，不是看自己何時方便。客人還在座時，別急著去換鹽罐或胡椒罐。如果時機不對，就別為了讓氣氛更好，而主動伸手去為顧客點燃蠟燭，即使待辦清單上列了這一項。為顧客提供的所有服務都要依據顧客的需求和時間，不要因為員工要趕著做完待辦事項，就笨手笨腳地不管顧客的感受。如果提供服務的時機反而造成顧客的不便，這種服務根本不算服務。

　　以我們在機場貴賓室的例子來說，如果客人把通向貴賓室的門稍微打開了並抬頭張望，或明顯中斷交談，這時服務人員就該進來看看有什麼事。密切關注客人的動靜，你才能注意到「門」開了這種細微動作。舉例來說，所羅門跟英格雷利一直在交談，然後英格雷利轉過頭去好像在找什麼人，這時服務人員就要進來。

　　「您好，先生需要幫忙嗎？」

　　「我想，嗯，你能再給我一杯咖啡嗎？」

　　「當然可以，還要來點點心嗎？」

　　「不用，謝謝！」

　　原則 5：把私人空間的門關上——或不關。當服務人員把咖啡端來後，還有最後一個步驟。先前客人有意引起你的注意，跟你要咖啡，所以通往其私人空間的門是開著的。服務人員端來咖啡，並注意到每個細節。那麼現在服務人員就該問：「還有其他需要我服務的地方嗎？」

　　這時顧客會有兩種反應：「是的，還有，」或「不，沒有了。」根據顧客的回答，通往顧客私人空間的門可能繼續開著或再次關上。如果是後者，服務人員要禮貌地向顧客致謝，然後離開。

　　這是最後一條原則：「結束」服務。很多情況下，服務人員都是語氣冷淡地講一句「再見」或「好的」，或是什麼也不說就走了。結束服務和開始服務同樣重要，是需要妥善處理的最後一筆，才能為服務畫下完美的句點。

強化：每日自省

　　服務的準備工作就跟畫畫一樣：上愈多層顏色，就愈不容易褪色。儘管如此，時間一久，員工的「畫」也會磨損，一方面是日復一日地跟顧客打交道累積的操勞，另一方面是因應管理需求，還有職場以外的生活壓力。

　　就算個性再怎麼友善的員工也經不起這種折磨，所以要

對畫的表面進行打磨拋光，而且最好每天進行。

　　奇怪的是，工作的技術層面其實會讓問題變得更加嚴重，就像砂礫日復一日地把「頂級服務」這幅畫作磨損掉。為什麼？因為專業服務人員每天都要從事技術方面的工作。假如某人是達美航空公司（Delta）登機人員或布魯明戴爾百貨公司（Bloomingdale）的售貨員，他每天處理的工作都跟技術層面有關，檢查客人的進出、處理交易、掃描檢查物品、信用卡支付，每天重複同樣的工作。久而久之，這個人就對自己的工作非常熟練。

　　不過，這只是他在公司扮演的部分角色：什麼動力能支撐他繼續發揮這樣的作用，為顧客提供周到的服務，一遍又一遍不厭其煩、並視情況需要做些許的調整？企業若想維持一流的服務，就要想辦法持續探討服務的理念，讓每個人──從第一線員工到高階主管──都一起參與討論。有一個辦法可以讓你做到這一點，那就是每日立會（daily standup meeting）。

　　我們知道，每個行業和每個公司都有各自不同的文化，我們不會固執己見，非要你把我們說的「每日立會」應用到每個企業。不過，我們共事過和建議過的企業自從實施這種做法後，都得到相當大的改善。關鍵是，每天同一時間把公司員工分成幾個小組，各小組集合起來同時召開每日立會，

針對服務的某個層面進行討論（例如，服務指導原則中的某個原則，並以對特定顧客的服務為例）。透過讓大家站著開會來證明，你主張開會不浪費時間、專注討論重點，要注意的是，與會人員中有沒有身障人士，這種場合對他們來說或許會造成不便。

這種服務程序是從傳統禮儀獲得啟發，但是已經發生180度的轉變。以往服務業的傳統是員工簽到（大家排排站），利用這種機會通報當天的特別事項和其他日常情況。不同的是，在當今世界，提供頂級服務所面臨的挑戰，並非這些服務的基本事項，以及跟技巧和細節有關的新理念。（把那些放到你的維基網站上。）目前的挑戰是，就算你的職前講習做得再好，日常工作的操勞一定會讓人們只顧著把工作做好，根本忘記要實現公司的目標。

每日立會就是一個大好機會，讓貴公司把注意力集中在最重要的目標上，讓全體員工同心協力實現這個目標。每日立會只需幾分鐘，卻能發揮相當大的影響力。

根據貴公司的規模試著做一下。想為顧客帶來一次特殊的體驗，公司上下同心就是最有效的做法，想讓公司上下同心，每日立會就是凝聚向心力的大好時機。

第 8 章

領導力

——如何帶領以客為尊的企業

服務導向的企業保持生產力的方式跟製造業不同，強調的重點也不一樣。服務能力完全取決於，跟顧客接洽的員工其參與程度有多高，是否活力充沛地展現出服務的專業精神。而員工參與，則要靠企業領導力來推動。

服務領導者很重要，因為服務是人在掌控

以製造業裝配線為例，通常會用到兩種評量方法。一種叫做「理論產能」（theoretical capacity），意即就理論來說，該裝配線在一個班次工作時間內能達到的最大產出：比方說是100個單位好了。另一種計算方法，我們稱之為「預測實際產量」（forecasted actual production），樂觀一點來看還是以100個單位為起點，因為在這一天開始生產之前，裝配線通常沒有什麼問題。（注意：這樣講當然是把許多因素都簡化了。）隨著時間過去，裝配線順利組裝一件又一件的產品，直到有一件產品進入裝配線時，有一個零件不合。這表示生產數量減少一個，或者說「預測實際產量」打了「折扣」。結果，以「預測實際產量」來說，將會低於理想中的100個單位。

對照一下，一個服務導向的部門剛開始交班時的情況。員工剛上班，還沒跟顧客接洽。最先來上班的是阿維瓦，她

昨天下班回家途中出了小車禍，但是沒有大礙：車門和保險桿被刮了一下。不幸的是，這是她上週六剛買的新車。阿維瓦難過嗎？哦，是啊，她真的很難過。

接著，馬克也來上班了。馬克過得怎樣呢？他剛發現一張幾個月來都沒注意到的帳單，這件事影響到他的購屋計畫。那張該死的20美元醫療費用帳單在他不知情的狀況下就被列入欠費記錄，現在影響到他的信用評等——因此，他申請三十年房貸時，每個月就要多繳70到80美元。這件事會影響到馬克的工作表現嗎？當然會。

你認為這些事都不會發生在貴公司員工身上嗎？事實上，這些事隨時都會發生，而且會降低貴公司的服務產能。記住：阿維瓦和馬克還沒見到第一個顧客呢。他們還沒跟其他同事交談，還沒打開薪水袋，還沒發現會計部門有人忘記算加班費給他們。但是，你已經在困境中開始一天的工作，跟製造業的情況截然不同，製造業的生產部門一旦開始一天的生產作業，工作就會逐漸減少。

這就是為什麼在服務業，從管理高層到主管階層的領導力是如此重要的一個原因。唯有透過領導力，不斷加強跟員工的聯繫，同時加強員工跟組織的聯繫，這才是最有利的做法。這樣做的目的是什麼？是要讓人們在工作時這樣想：「你知道嗎？要是我根本不用工作或許更好，但既然我必須

工作，我就喜歡這個地方。這裏環境健全又乾淨、大家互相
支援又全心投入工作。所以，我在工作上要全神貫注、力求
表現、認真負責、盡忠職守並全力以赴。」在以客為尊的企
業裏，領導者的核心職責就是，帶領大家達到這種境界。

傑出服務領導者的五大特質

根據我們的經驗，傑出的服務領導者具有某些共同的特
質。以下所列就是打造頂級的服務機構所需具備的五大特
質。

1. **願景**：領導者能描繪出未來該實現的遠大夢想，然後
從夢想中找到公司的明確發展方向，並能預見日後會遇到的
種種狀況。

2. **凝聚力**：成功的服務領導者努力讓整個組織支持某種
理念，比方說：「以客為尊」。傑出領導者會積極努力將複
雜或抽象的理念，用具體簡潔的措詞和比喻表達出來，讓人
們容易理解。員工未必總能理解公司所傳達訊息的含意或表
達上模糊不清的訊息，尤其是那些在多元化、有眾多分支機
構工作的員工，更需要清楚明確的訊息，才能凝聚向心力。

服務密技>

妥善處理企業內部的憤世嫉俗者

接下老字號企業經營大權的領導者應該好好解決內部那些老是不滿、凡事懷疑的憤世嫉俗者，在重整團隊的過程中，可不能小看這些人（若要扭轉情勢，妥善處理這些人則更是重要）。要解決這個問題，至少可以採用兩種辦法，一種是開除這些人，這樣做在法律上和實際操作過程中比較複雜，有可能會在企業內部增加一群新的憤世嫉俗者。（「你記得會計部的雪莉兒嗎？她老是說管理階層找她麻煩，你知道嗎？他們真的找她了……我想下回他們就會來找我們了！」）

另一種比較成功的做法是運用正向能量、不理會他們的批評，讓這些怪咖自動歸隊。你可以試著把員工分成三種人：積極進取者、懷疑論者、憤世嫉俗者。然後把所有精力放在那些積極進取的員工身上。在這種情況下，那些真正唱反調者很快就會另謀他就，而稍有「懷疑」者就會加入積極進取者的行列，因為他們看到積極進取者獲得領導者的支持。

3. 設定標準：領導者必須身兼流程經理又要參與績效評

量，領導者要做的事很多，不只是當啦啦隊隊長。舉例來說，在推出一項改進措施時，領導者不僅要提出願景（「推出這種新包裝非常重要，因為這樣做，我們到明年年底就能在這個行業成為推廣使用再生材料的領袖。做為公認的領袖，我們有機會帶動更多企業加入我們的行列。」）。而且，領導者還要堅持在日常工作中刻意安排，花一點時間留意這項剛推行的工作並給予援助。記住，向前邁出的重要步伐都要不急不徐，留點餘地讓這些措施能夠徹底落實。

另外，傑出領導者也必須懂得設定績效標準，並讓大家負起責任。大多數企業都會因為內部不協調而蒙受損失，這就是缺乏標準導致的結果。如果沒有全體同仁徹底遵行的標準，就算最有才能的服務團隊也會因為內部不協調而受到拖累。舉例來說，想想「時效性」（timeliness）這個很簡單的概念究竟是什麼意思。走遍世界，你可能注意到，不同文化對時效性的定義有很大的差異。如果你家裏有十幾歲的青少年，你或許發現他們對時效性的標準也跟你不一樣。我不是在抱怨這些孩子：他們的時間觀念和成年人不同，所以他們對時效性的涵義有不同的理解。但是當你要跟這些孩子合作進行一項重要專案，這種差異自然會讓你這種成人世界的代表覺得混亂沮喪。在企業裏，要想成功管理各項工作，就必

須設定、追蹤和執行各項績效標準。

4. **支援**：無論從字面還是象徵意義的角度來看，好的領導者不會讓員工因為工具效益不彰所苦，因為這是最讓員工氣餒的事了。企業經常要求員工在得不到有力支援的情況下，完成自己的工作。好的領導者知道員工需要支援，尤其是在資源、訓練、設備和材料方面的支援，才能讓員工順利執行自己的工作。領導者要確定這些支援都準備妥當。

5. **動機、認可和獎勵**：許多領導者低估了這些因素的重要性。動機是員工的救生設備，也是他們的游泳教練。當海面波濤洶湧，動機會支撐員工浮在水面上，會讓他們知道自己得到支持：繼續奮力游就能獲致成功。動機讓員工堅持下來，因為目標就在前方，自己正逐漸向目標邁進。到了某個時刻，員工開始如魚得水並協助公司實現目標。這時，領導者就該對員工在工作上的出色表現給予認可；可予以獎勵、獎牌、獎金，或是簡單的致謝。傑出領導者不會錯過這種肯定員工貢獻的機會，他們會秉持積極尋找有待解決的問題那樣的熱忱，找機會替員工慶祝。

道德領導

不能把員工當成是機器上的零件，像是齒輪或螺栓，這樣既不道德，對企業來說也毫無意義；螺栓是死的，人是活的，螺栓不能伸長去幫顧客，人卻能在領導者的啟發下靈活調整，視情況向左或向右拉長一點發揮助力，以此方式建立貴公司的價值。

我們所說的對員工道德領導，至少包括下面這幾個項目：

> ➤ 讓員工參與設計對他們有影響的工作流程
> ➤ 增強員工對工作的自豪感
> ➤ 強化員工的目標意識，而不是只要求員工把工作做好
> ➤ 不管是順境還是逆境，都要支持員工的社群和家庭（不管員工如何定義「家庭」）
> ➤ 支持員工參與本身職責範圍以外的內部工作

而且最重要的是，員工道德領導牽涉到，公司必須理解不能把員工當成「八小時的勞動力」；即便你公司的損益表上可能把勞動力稱為「約當全職數」（full-time equivalents, FTEs）。公司在招募輪班工人時也是這樣，從來不寫人這個字：「我們需要五個約當全職數（FTE），有保險，一天三班

制，一年365天。」

　　人不是約當全職數。

服務密技＞

培訓各階層的領導者

　　擁有傑出領導者的機構會在內部各階層培養領導者。我們就以最卑微的職位為例：負責教導新進清潔工如何打掃廁所的基層主管，本身也可以成為一位服務領導者。怎麼做呢？首先，她在教導新進人員前可以先表達自己的願景：保持廁所乾淨是該做的事，因為客人和訪客都會很感激。讓客人有乾淨的廁所可上，他們就會覺得我們公司很不錯，也會喜歡我們並願意再次惠顧。而且對我們公司的財務健全來說，讓顧客願意再次惠顧這一點非常重要。

　　這位基層主管向新進人員講述未來願景後，接著就開始訓練新進人員。（「這些清潔劑要這樣使用，記得特別注意安全。」）這位基層主管會講清楚「乾淨」的具體標準是什麼：地板上沒有垃圾或灰塵、鏡子要閃閃發亮、垃圾桶半滿就要清理。

　　這個職位的領導者也要建立一個很好的衡量和檢查

制度，確保員工的工作達到一定的水準，並且能長久維持下去。

　　同時，這位基層主管還要確定，自己給予新進人員適當的支持，提供工作所需的適當工具和用品，並訓練新進人員如何安全正確地使用這些工具。

　　此外，基層主管必須經常跟新進人員進行明確的溝通；如果公司預計在特定日期接待特別多的訪客，就提前告訴部屬。

　　最後，這位基層主管還不斷激勵部屬，部屬做得不錯時就口頭認可；部屬協助公司達成目標時就加以讚賞。要改變跟部屬有關的工作流程時，會先徵求部屬的意見，也會找機會讓部屬獲得認可和升遷。

第9章

什麼值得，什麼不值得？

——有關價值、成本和定價的準則

　　顧客忠誠度是非常神奇之物，而且這種神奇非常的實際，有了它就能讓企業營收獲得保證。有了忠誠度，顧客對價格就不那麼敏感，心甘情願跟你惠顧，更願意幫你拓展生意（前提是你不會濫用顧客對你的信任），也更不可能被其他競爭對手攏絡。但是任何一家公司都沒辦法把所有收入，用於盡量讓顧客有最好的體驗或讓顧客忠誠度提升到最高。幸運的是，企業也沒有必要這樣做。我們在第六章說明過，製造業所開發的體系可以協助服務業將後台成本降至最低。在本章中，我們把自己客戶最關切的一些問題拿出來做說明，讓大家知道如何在控制成本的同時，仍能提供優質的服務。

提高顧客忠誠度的服務，究竟要花多少錢？

　　我們認為只要能贏得忠誠的顧客，花再多錢都值得，因為忠誠顧客會為企業帶來龐大的收益。但是，究竟要花多少錢呢？在某些情況下，優質服務確實比普通服務花費更多。舉例來說，賓州和康乃狄克州的英基學校協會（English Schools Foundation，簡稱ESF）夏令營團隊，雇用較年長且經驗豐富的顧問和員工，而不是你常在其他同類機構中看到「讓孩子幫孩子做諮商」那種情況。在ESF夏令營，就算最

年輕、最沒有經驗的顧問也是大學生，而且他們主修兒童早期教育、初等或中等教育、兒童心理學、社會工作、諮商或其他相關領域。員工跟營隊成員的比例是同業最低，而且人員分配得相當巧妙：比方說，平常夏令營有一位護理人員值班，但是到了參與人數爆滿時段則安排兩名護理員值班。

這種做法比一般做法更花錢嗎？當然。但是家長對這家夏令營機構愛護有加；家長們根本沒有把這家夏令營機構當成商品看待，所以沒想過要跟其他夏令營做比較，看看哪家比較便宜。而且，就跟所有忠誠顧客一樣，家長們樂此不疲地向朋友和鄰居推薦這家夏令營機構。其實，最近有35個參加過ESF夏令營的家庭，因為工作緣故從賓州搬到康乃狄克州，他們建議ESF在那裏也開闢新營地。更棒的是，為了保證新營地能成功經營下去，他們還在新英格蘭一帶呼朋引伴，招募足夠的成員。（想想看：忠誠顧客當你的「駐地服務代表」和「先遣部隊」，鼓勵並協助你拓展業務，最棒的是，顧客自願這麼做！）

最後一點最重要：若想更徹底計算為了建立顧客忠誠度，需要高素質員工提供一定的服務水準，究竟要花多少錢，你必須考慮下面各種因素能替你省下的各項開支和賺進的收入，例如：人們積極幫你做好口碑行銷、人員流動率低和顧客流動率低（ESF夏令營就是這樣）、較低的保險費率

和訴訟案件減少等等。

訓練有素、配備齊全又受到禮遇的員工，就會為公司效力更久，也更少發生事故，並且比較沒有行為方面的問題。當你雇用適當的人選並給予應有的訓練，員工就會樂於接受自己在公司要實現的服務目的，這時員工的生產力就會超越一般機構的一般員工。就像第七章提到的那位目標導向的購物中心警衛，他雖然只負責巡邏商場，卻也會為迷路的顧客指引方向。優秀員工可以──而且也想──出現在顧客需要的任何地方，他們會為你這樣做，而且日後也會這樣做。同樣地，對於可靠的設施、優質的工具和材料、強有力的安全保障以及為員工和顧客提供的其他關鍵支援，有時，你是不是很難找到充分理由證明這些事情存在的必要？如果你想要顧客再三惠顧，也想要員工每天在工作上能有最佳表現，就不難找到這些事情存在的理由。

畫蛇添足

如同我們在第六章所說的，企業千萬不要因為刪減成本，不管顧客願不願意，就把顧客重視的一些服務拿掉。同時，在跟顧客打交道和為顧客服務時，有些服務根本是多此一舉，卻遲遲不見改善。你特別要注意的是，不要畫蛇添足

（lily gilding）。（這個用語是精簡莎士比亞的措詞，引用其劇作《約翰王》〔*King John*〕中「在純金上鍍金，為百合花上色」——原已十分完美，卻還畫蛇添足。）這樣做就像是把桌面擦得光亮如新，但實際上桌面一直有桌布蓋著，根本看不到。也像是要讓很小的空間保持涼爽，卻拿了一台超大的空調壓縮機。

企業在跟顧客互動時常看到的畫蛇添足做法就是：不管顧客是否感興趣（或是否有興趣購買），就極力推薦自家產品和服務。這樣做會產生顯性成本和隱性成本。隱性成本包括：產品或服務的功能過多可能會讓顧客覺得你的東西太複雜了，讓他們興趣大減，或讓顧客覺得花錢買了不需要的東西。

服務密技 >

不畫蛇添足反而找到獲利商機

有時，不畫蛇添足反而能為顧客帶來意想不到的好處，也能讓企業節省成本。最近就有一個突破傳統的例子，世界知名的酒杯製造商力多公司（Riedel）察覺到杯身是酒杯的核心，杯頸其實可有可無，只是裝飾，還有許多缺點。大型零售業者目標百貨（Target）看到力

多這項新做法能給自己帶來的好處，包括減少零售業者的庫存成本和存貨損耗。於是目標百貨大規模地向消費者推銷這款商品，這是力多自己無法做到的宣傳規模。而且，一些顧客把這款酒杯買回家後，發現這些酒杯很適合放在碗櫃和洗碗機裏，打破杯子的情況也少之又少（沒有杯頸可折斷），因此消費者口耳相傳，免費幫這款酒杯做宣傳。

「跟什麼比較？」：價值是相對的

顧客常常以相對的方式來判斷你的價值。也就是說，顧客每次跟貴公司互動，都是拿以往的互動做比較，也拿貴公司跟競爭對手做比較。舉例來說，當某位搭機乘客搭乘頭等艙時，他預期自己能有喜歡的飲料可喝，如果期望落空，他就覺得這種服務有問題。這不是每家航空公司可以自行決定的事，他們沒有了解到，顧客的期望是依據整個行業對頭等艙的服務標準來決定的。

為了確保你了解顧客的相對期望，你不妨去自己最強勁的競爭對手那裏購物。（是真的買東西，不是只進去逛逛；花點錢，從頭到尾做一筆交易。你或許會驚訝地發現自己從

中學到不少。）對競爭對手的顧客進行調查，再調查自家顧客，或是至少調查你所屬市場區隔的顧客，了解他們對競爭對手的看法。（這種事只能匿名進行，絕對不要在自家品牌的調查中穿插有關競爭對手的問題，主動提到競爭對手，只是讓自家品牌形象受損。）

　　不要讓怨恨或狹隘心態沖昏頭，對競爭對手的創新不屑一顧。要理性思考對手的創新是否有價值，讓你能加以利用為自家顧客服務。

定價是價值主張的一部分

　　計算價值有一個很有用的公式：「價值＝個人利益減去成本和不便之處」。但是對市場上某些重要行業來說，個人利益這項變數可能輕易超過成本因素，至少就某種程度上來說是這樣。顯然，並不是所有人都把錢看得那麼重：如果買賣東西只是看哪個商家價格訂得低，那麼像諾德史東百貨（Nordstrom）這類零售業者就無法在市場上立足，大家都去沃爾瑪商場買東西。對諾德史東的顧客來說，品質、個人購物助理和絕佳的優惠政策，為他們帶來個人利益，讓價值公式奏效，所以他們寧可多花點錢，取得更多的優惠。

　　因此，在產品和服務的設計上，要強調你能為顧客提供

的個人利益，以此做為定價的基準。其實，你跟顧客的關係愈密切，你就更不用考慮價格因素，除非高價是你提供的利益之一。（如果知名珠寶品牌蒂芙尼〔Tiffany〕每週末都進行一次「瘋狂拍賣」，那麼蒂芙尼的藍色禮盒還會如此尊貴不凡嗎？對蒂芙尼來說，它眾所皆知的昂貴價格本身就為購買禮物的顧客提供一種利益。）

　　在所有顧客中，忠誠顧客對價格最不敏感。但是幾乎所有顧客都會對定價有某種程度的敏感度。對於比較不深思熟慮的顧客來說，價格高通常表示品質好。（動畫《辛普森家庭》〔The Simpsons〕中的主角荷馬・辛普森〔Homer Simpson〕從不屈就，不會選擇菜單上最便宜的酒，品酒行家的他總是選價格第二便宜的酒。）但是價格未必總跟品質劃上等號，比較老練的顧客通常就了解這一點。舉例來說，連鎖賣場好市多（Costco）的顧客大多是人均所得高出平均甚多的顧客，好市多為「低價」賦予新的意涵：「我們總是努力為您尋找更多的優惠。」好市多努力傳達這項訊息，甚至拉高層次寧可自己蒙受損失，也要為顧客提供這樣的優惠。最近所羅門去好市多購物時，看到收銀台前有打折的郵票。顯然，好市多樂意每賣一卷郵票就虧五分錢（美國郵政服務公司可沒給好市多任何優惠），讓顧客離開賣場時留下好印象——好市多確實為他們提供了優惠。

不要向顧客索取急救費

定價有一條檢驗標準就是：你的收費要展現出你對顧客的關心。因此，首要目標是避免顧客覺得自己被敲竹槓，比方說：趁人之危索取高價。《紐約客》（*New Yorker*）登了一幅我們很喜歡的漫畫，內容是兩名好友從餐廳走出來，其中一位看看帳單轉身對另一位說：「你說對了，他們真的連食物卡住喉嚨施行急救都收費。」顧客預料到會有這項收費，這個事實也告訴你，他怎樣看待這家餐廳。

不要跟顧客斤斤計較，德州汽車經銷商卡爾·席維爾（Carl Sewell）在很久以前的例子，就成了眾所周知的經驗法則：朋友幫忙還要收費嗎？「如果你不小心把自己鎖在車外，你打電話給朋友，朋友幫你把鑰匙拿來，他會跟你收錢嗎？」席維爾問。「不會。所以，我們也不會這樣做。」❶如果你不把席維爾的經驗法則當一回事（例如：飯店不僅要跟顧客收取長途電話和瓶裝水的費用，而且費用還高得離譜），那麼在通往建立顧客忠誠度的途中，你就會把自己絆倒。聰明的企業懂得在顧客危難時伸出援手，不僅不收費還報以微笑，這樣做也是幫自己脫困。

當然，許多公司一開始都把顧客當朋友，不會跟顧客斤斤計較。但是隨著公司日漸發展，就改用另一種模式：以定

價公道的基本產品吸引顧客，然後在必要功能上加收許多費用——這樣做等於疏遠顧客。如果你在一定程度上能擺脫這種做法，長久下來就會贏得更多忠誠顧客。舉例來說，懂得從顧客的觀點看待專案的顧問，就會做得很好。美國東岸一家顧問公司接下一個專案，報價120,000美元，但是大部分工作要在西雅圖完成，所以實際花費會高出許多。如果這家顧問公司不把額外旅費，假設是30,000美元列入報價，後來卻要跟顧客收這筆錢，顧客就會覺得自己被騙了。就算交情再好也會覺得被你騙了。你把人家痛打一頓，即使笑臉賠不是，但你還是打了人家。

如果你的定價政策不透明，你也會讓自家員工很難替自己辯解，還可能引起顧客不滿和不信任，並且會讓員工不再對工作抱有任何期望。

錢非萬能，卻攸關重大，重點是怎樣跟顧客談錢這檔事

定價是一個重要問題，因為定價就像服務一樣，是價值的構成要素。定價問題必須妥善處理：定價必須以適當方式呈現，用語要謹慎，別讓人覺得意外，危及到顧客對你的信任。這樣一來，你才能維持和提升服務的價值，鞏固你透過

服務建立起來的信任，最終也能逐漸提高得來不易的顧客忠
誠度。

第 10 章

在網路上建立顧客忠誠度

——利用網路的力量服務顧客並實現目標

　　網路是我們這個時代的革命性結構，尤其是它可能給顧客服務帶來相當大的負擔，而且不管是小公司或大企業都無法置身事外。如同《連線》（*Wired*）雜誌編輯克里斯‧安德森（Chris Anderson）所言，現在頻寬、記憶體和處理器都已經便宜到不行。❶

　　但是，別以為網路一定會成為你的盟友。許多原本很優秀的以客為尊企業被網路弄壞名聲，因為他們沒有掌控網路，反倒讓網路操控他們。那麼，如何善用網路的力量，讓自家顧客和企業都能因為網路受惠呢？

網路有利有弊

　　我們建議把焦點放在兩個問題上。首先，要積極正確地利用網路，這樣才合乎顧客期待。畢竟，有些顧客是「數位原生世代」（digital natives），他們從未見過沒有網路的世界。這些精通網路的顧客希望你也能跟他們喜愛的企業一樣，了解網路的強大優勢與風險。其次，你要善用網路的力量突顯每位顧客的個人特質。就像電影《星球大戰》（*Star Wars*）中路克‧天行者（Luke Skywalker）得到原力，以及《魔戒》（*The Lord of the Rings*）中比爾博‧巴金斯（Bilbo Baggins）持有魔戒，網路具有前所未見的能力，卻也潛藏

著可怕的風險，網路擁有的這股龐大力量可能把你拉往跟顧客對立的一面。當網路把你拖向黑暗面時，企業家必須跟絕地武士一樣，用本身的克制力和充分的準備去抵抗它。

服務密技＞

妥善應付大眾在網路上的意見

資訊在網路上的傳播速度甚至可以把「最不重要」的顧客，瞬間變成企業公關的地雷或金礦。這種現象在速度和範圍等方面，不同於傳統實體企業建立或破壞品牌商譽的做法。在網路上，所有一切都可能發生重大改變，而且以更快的速度對貴公司造成正面或負面的影響。

在網路上消息很快就傳開來，網路鞋店薩波斯（Zappos）就因此受惠。自從薩波斯貼心幫忙一位剛經歷喪母之痛、無法按照程序辦理退貨的女士辦理退貨後，對這家公司的好評就迅速在網路部落格中傳開。

在網路上，好事傳千里，壞事也一樣。美國西南方有家飯店，在凌晨兩點拒絕湯姆．法默（Tom Farmer）和沙恩．艾奇遜（Shane Atchison）入住先前成功預訂好的房間，兩人對這家飯店非常不滿，於是製作一個既

諷刺又搞笑的PowerPoint簡報檔，還把簡報檔寄給幾位朋友，朋友又轉發給他們的朋友，大家就這樣陸續轉寄。幾週內，這家飯店的公關形象就徹底完蛋。

　　簡單的誤會或跟顧客觀點有一些合理的出入，可能透過網路馬上變得人盡皆知，所以你必須採取措施為這種事預做準備。我們建議你的策略要包含下列這五項要素：

　　1.讓自己很容易被找到。你希望顧客直接找你，而不是找他們在網路部落格上的讀者或推特個人網頁上的訂閱者。只有你才能真正幫助他們，如果你能迅速給予協助，他們就不會在網路上抱怨對你的不滿。

　　2. 像人際互動一樣，親自回應大眾的抱怨。企業親自回應可以如何轉變網路輿論風向，實在讓人嘆為觀止。維珍航空（Virgin Atlantic）的機上餐飲被一名乘客大肆批評，並在網路傳得沸沸揚揚後，創辦人理查・布蘭森（Richard Branson）的反應是，請這位乘客一起研究維珍航空日後要推出的菜單。於是，網路輿論又倒向維珍航空這邊。

　　我們建議由你本人或貴公司擅長處理這類事宜的主管及時介入網路討論，讓抱怨者知道你們很關心且留意此事，也樂意澄清事實並提供協助。（為貴公司及自家

產品設定Google快訊〔Goolge Alert, www.google.com/
alerts〕，把可能出現的任何錯誤字詞包含進去，有類似
貼文出現，你就能及時收到通知。）如果你能說服抱怨
者這樣抱怨並不公平，抱怨者可能就會修改原先的貼文
——動作夠快的話，就有機會在原先貼文還未被索引前
就修改好。如果不是這樣，我們仍然建議你加入討論。
如果可以在該網站發表意見，就做出深切檢討和解釋。
你要表現出自己是一位非常、非常好的人，那麼大多數
參與討論者也會這樣看待你。

3. 控制好由誰來代表公司回應，而誰不用做回應。
當企業在網路上出現公關危機時，你需要進入鎖定狀
態，由「指定駕駛」出面處理。第一位發現危機的員工
要提醒這名指定駕駛，其他人則不要輕舉妄動，除非接
到指示，以免出現未經授權、可能火上加油或自相矛盾
的回應。

4. 在網路上當心不要「聰明」反被聰明誤——結果
可能無法如你所願。有一個網路專門用語形容網路上假
扮聰明的現象，比方說裝成別人來激發眾怒，這個用語
就是：白目（trolling）。要避免被貼上網路白目者的標
籤。

5. 小心運用「傳道者」的影響力。如果你擁有忠誠

顧客，那你至少會有幾位寶貴的「傳道者」：願意支持你、幫你做口碑。如果你覺得可以利用他們，你可以請求他們在網路上支持你，在適當地方插上幾句「很遺憾你遇到這種事，我以前從沒碰過這種情況，或許是一場誤會。」這樣的話不需要很多，而且這些必須是真正願意在網路上公開身分的顧客，留下真實可信的貼文，不是員工假扮顧客身分在網路上貼文。（前面我們就提過在網路上別自作聰明，做些白目的事。）

看法人人都有，但每家公司需要的是幫忙創造口碑行銷的忠誠顧客

　　去年在一個沒播多久就停播的真人實境電視節目中，英國知名餐飲業者馬可・皮耶・懷特（Marco Pierre White）哄騙徒弟們用心討好一位神祕「美食評論家」，後來又因此而責備他們。事實上，根本沒有神祕美食評論家到懷特的餐廳。主廚懷特那天晚上請每位顧客填寫一張跟查加（Zagat）餐廳評鑑類似的卡片。我們怎麼看待此事呢？懷特是要透過這種方式讓徒弟們做好準備，迎接網路時代的到來。其實幾年前，企業如果想引人注意，還是會把最大希望寄託在名人

身上，像《紐約時報》評論員、《今日秀》（*Today Show*）記者或脫口秀節目主持人等，透過他們才能引發關注。如今在大多數市場裏要想成功，就要努力討好每位評論家——也就是每位顧客——而不是某位名人。而且要在網路輿論風向還沒對你不利前，趕緊去做。

另一方面，培養一些能幫貴公司宣傳的「傳道者」，這件事一直都很重要。最近，跟所羅門的綠洲唱片公司所屬的娛樂產業有關的一個知名網路論壇中，「（你的文章）傷害了作曲家和演奏家」這個話題開始引發一場論戰。❷究竟造成什麼「傷害」呢？這篇文章公然提及綠洲公司的一個競爭對手，但並沒有提到綠洲公司。這種不請自來的主動宣傳，每家公司都求之不得，因此所羅門仔細回顧自己如何培養出這種「傳道者」？原來綠洲唱片公司有位經驗豐富的女推銷員，她耐心回覆這位網友提出的每項問題，幾週內在網路上陸續回覆這位網友的二十則提問，當時她可不知道這樣做竟然能讓公司因此受惠。

網路可能助長商品化，企業必須善用個人化的服務避免本身被商品化

要利用網路強大的傳播能力，並以個人化的服務，避免

產品或服務被商品化。以一個簡單例子做說明，網路上的常
見問題解答（Frequently Answered Questions, FAQs）結語都
千篇一律，問一句：「這有解答您的問題嗎？」在大多數情
況下，這種方法確實有效：利用一個答覆就解決許多顧客的
問題，顧客不用排隊等候，你也能問每位顧客你的答覆是否
有效，做為日後改進的依據。

　　這種做法有什麼缺點呢？沒有，但是如果你能更進一
步，把網站上這項功能個人化，那就再好不過。你必須想辦
法找出哪些顧客對你最後的提問回答「沒有」，而且要主動
跟他們聯絡。（記住，回答「沒有」表示你沒有解決他們的
問題，所以應該解讀為「唉，沒有──快來幫忙！」）這樣
你就能以某種迅速有效又個人化的方式找到他們，並向他們
表明「我們很在意這沒能解決您的問題！」

　　要想建立忠誠度，就要在網路服務的每個功能都加入這
種個人化服務。

長篇介紹／短篇介紹

　　有一種方法可以讓你在網路上強調顧客的個人特質，那
就是讓顧客自行選擇要瀏覽「長篇介紹」（闡述所有迷人細
節）還是「短篇介紹」（像廣告般簡短的摘要介紹）。因為

你無法知道特定顧客想看哪種類型的介紹，所以提供兩種介紹讓顧客自行選擇。

　　關於這項主題，在此引用以發現「足球媽媽」（soccer mom）這個人口統計趨勢而聞名的傑出民調專家馬克・潘恩（Mark Penn）的一段話：

　　　一般認為，美國人很難專心，聽到冗長描述就容易分心，所以競選辦公室總為候選人準備最簡短的口號。在接受這種普遍看法前，你可要當心。事實上，我們之中有相當多人——通常是最有興趣的關鍵決策者——就算你講得再冗長他們也會聽，寫得再多他們也會看，只要你願意解釋，他們會一直聽下去。❸

　　或許你跟潘恩一樣，已經注意到自家顧客有不同的閱讀風格和專注力。利用網路的能力，你再也不用對所有顧客採用單一寫作方式，或假設顧客只有一種閱讀風格。你可以讓不同的顧客選擇適合自己的方式。當然，「短篇介紹」要放在前面：針對產品或服務的簡短說明和定價。這可能是許多顧客需要了解的一切，他們不會在任何細節上耗時間。其他顧客可以點擊「了解更多」的按鈕，細看幾段詳細內容。但是，顧客想了解的細節未必只有這些：何不準備「白皮書」或其他背景資料，提供給想深入研究產品和服務的潛在顧

客？在經過妥善設計的網站上，這些附加資源並不會讓版面看起來雜亂無章。

網路這個讓你彰顯不凡的窗口或許很小

網路讓沒有優良服務傳統的公司，只要購買或建構一個實用的網站界面並定期測試，就能輕輕鬆鬆提供顧客尚可接受的服務。雖然這對消費者來說是好事，卻讓企業陷入兩難：如果每家企業都提供這種尚可接受的自助服務，那我們在網路上要如何突顯自己？

主要就得靠加強技術，提供能建立顧客忠誠度的貼心服務。

服務密技>

「完美」網站的最後潤飾：人際互動

如同我們在第六章提到，線上租片網站Netflix最自豪的就是，擁有設計出色的線上自助服務系統，讓「完美購物」──其實是租借影片──成為可能，通常整個過程無需任何人際互動。儘管如此，在競爭激烈的市場中，我們周遭充滿完美的產品，所以只是提供完美的線

上體驗還有不足。為了建立顧客忠誠度,你必須也提供與眾不同的人際接觸點,以備顧客隨時有此需求。

　　為了做到這一點,Netflix不久前決定要逆勢操作,不像其他業者順應盡量降低服務成本這股趨勢:Netflix確實為自己設定目標,在顧客隨時想找人服務時,就提供比競爭對手更多的人際接觸。Netflix還徹底取消線上客服,取而代之的是在網站顯眼處標出0800客服電話,而且拒絕把這類客服業務外包給海外承包商,還在奧勒岡州大波特蘭地區新設一個大型電話客服中心,並在波特蘭率先試用以性格特質招聘人員這種做法。Netflix主管接觸在波特蘭工作的員工後發現,大部分員工都具備從事客服工作所需的優秀特質,像是「彬彬有禮和具有同理心」。❹

　　企業要找出既自動化又能以人員主導的方式,為需要協助的網路顧客提供個人化的關照:

　　1. 在顧客可能需要人員互動的每個關鍵位置,提供顧客互動服務——即使你的網站多麼「完善」,沒有這些功能似乎沒關係,你還是要把這些功能加進去。在每個網頁提供線上服務按鈕,把免費客服電話放在顯眼的位置,盡量安排員

工值夜班，讓顧客再晚也能跟客服人員求助。提供一個「緊急郵件」按鈕。（同前所述，有些人更喜歡用電子郵件溝通，對身障人士來說，電子郵件常是最佳選擇。）

2. 設計網站各項要素時需考慮周到，這樣就不會把任何顧客排除在外。身障顧客從輕微不便到嚴重殘疾，在網路上跟在現實生活中一樣，都無法積極參與。要讓你的網站被這些顧客廣泛使用，就要遵循這幾個特殊方式，比方說：網站上每張精美圖片都該有「alt」標籤（類似標題說明），可以通過文本閱讀器（text reader）來閱讀，這樣就能為視力受損的顧客服務。擴大範圍來看，年長顧客也開始迅速適應網路生活，但是很多網站看起來根本是為二十幾歲年輕人設計的，按鈕很小，網頁設計讓人眼花撩亂。如果你想讓人點擊某個地方，就把按鈕弄得明顯一點。這也呼應先前我們提過的，服務要跟顧客的「步調」一致，網路服務也是一樣。

3. 讓網站上的自助服務功能更好玩、更有趣。自助服務也可以很吸引人。考慮一下喜劇大師迪米崔・馬汀（Demetri Martin）的構想，把兌幣機設計得像是吃角子老虎，鈴響閃燈就好像你贏了一大筆錢似的──即便你投進去多少錢還是拿回多少。在設計網站自助服務時，可以融入這種設計構想，提供顧客有趣好玩的購物體驗，再也不會因為

顧客感到無趣而傷腦筋。

4. 你使用的任何自動通信功能，都要設計得更吸引人、更個人化，可以的話也要設計得更有趣。如果你使用自動郵件回覆功能，不妨用一種令人輕鬆愉快的方式，也許就像所羅門在創業初期人手不足時採用的做法：

> 您好！這裏是語音自動查詢服務（很抱歉，綠洲唱片公司的其他服務幾乎100%都有人親自服務，所以如果您點擊「回覆」，馬上會有人跟您聯繫，這樣您就可以跟自己的同類說上話。）……

CD寶貝線上唱片公司是綠洲的姊妹公司，任何能展現個人化服務的最小機會都不放過。它們把通知顧客唱片已寄出的出貨通知，變成一齣親切像樣的喜劇。這封搞怪郵件讓買家明白該公司多麼與眾不同——CD寶貝的員工其首要任務就是創新和創造快樂：

> 您的CD已用消毒過的無污染手套，小心地從我們公司的貨架上取下，放到一個緞布枕上。由50名員工組成的團隊檢查您的CD並將CD擦拭一新，確保CD在寄出前處於最佳狀態。我們聘請的日本包裝設計師點燃一支蠟燭，他親手將您的CD放進最精緻且鑲著金邊的盒

子裏，此時全場肅然起敬。隨後，我們熱烈慶祝，全部的人沿著街道往郵局方向前進，整個波特蘭鎮的居民都揮手向裝有您CD的包裹致意：「一路平安！」今天是四月六日星期一，這個包裹將乘坐本公司私人專機送至您府上。❺

「我在工作時不會匆匆忙忙，」《湖濱散記》（*Walden*）作者梭羅這樣說，「而會把工作做到最好。」❻在梭羅的世界裏，「匆忙」似乎明顯帶有負面含義。但是在我們的世界裏呢？就某種程度來說，顧客要求我們快一點：他們希望我們為創造最大的成效，讓他們只要花最少的時間和心思。同時，我們也努力將顧客跟自家品牌緊密連結，主要是善用每次跟顧客接觸的機會做好此事。為了加強這種連結，我們必須花許多時間和精力在顧客身上。為了讓這些目的協調一致，你可以試著像CD寶貝一樣寄出簡單的出貨提醒：精心設計網站上的各項操作步驟，盡你所能藉此跟顧客建立成效顯著的人際互動，並且盡量不要耽誤顧客的時間或造成顧客的不便。

服務密技＞

網路上的黃金法則就是「許可」

　　十年來，賽斯・高汀一直關注「許可行銷」
（permission marketing）的理念，高汀將許可行銷定義
為：將受人期待且個人化的相關訊息提供給真正想獲得
這些訊息者的一種特權。高汀強調尊重他人是贏得他人
關注的最佳途徑。依他所見，當人們選擇去關注，他們
其實是給予你某樣貴重東西。一旦他們對你投入某種程
度的關注，他們勢必得放棄一些東西。所以，高汀強調
我們必須把顧客的關注當成一項重要資產——是值得我
們尊重和珍視、不可浪費之物。有意義的許可跟技術上
或法律上的許可是不一樣的：

> 只因為你用某種方式取得我的電子郵件地址，並不表
> 示你得到我的許可。只因為我沒抱怨並不表示你得到
> 我的許可。只因為你們的保密政策裏用小字寫了這一
> 條，也不表示是一種許可。真正的許可是這樣運作
> 的：如果你停止（跟人們聯繫），人們會抱怨，會問
> 你到哪裏去了？❼

　　在網路獨立發行音樂專輯的熱潮下，喬納森・庫頓

（Jonathan Coulton）幾乎可以寄送電子郵件給任何一位在網路上購買他的專輯或下載他MP3歌曲的顧客，而且讓顧客很高興收到他的郵件。庫頓確實取得粉絲的「許可」才跟他們聯繫——他們都想要收到庫頓的郵件。但是，如果貴公司透過亞馬遜網站，向人們推銷手機備用充電器，情況會怎樣呢？這樣做八成會惹惱顧客：顧客很可能對購買手機充電器不感興趣。你沒有得到他們的許可，就發送一大堆郵件到顧客的收件匣，這樣你的訊息就不可能符合受人期待且個人化的相關訊息。

亞馬遜網站：一家卓越企業，卻不是最實際可行的仿效模式

在網路商務中，亞馬遜網站可說是一枝獨秀，其他網站只能靠邊站。

亞馬遜網站創造忠誠顧客的驚人能力讓人既讚嘆又羨慕——但是對大多數企業來說，亞馬遜網站不是一個可以直接複製的經營模式。至少就某種程度來說，亞馬遜網站的成功是因為採用比前瞻式服務模式更冒險、更花錢的做法，努力建立顧客忠誠度：可說是將重複策略（repetition strategy）

徹底執行到臻至完美。亞馬遜網站把令人滿意的服務基本事項做得精準到位,然後不斷讓顧客重複體驗,直到顧客產生忠誠度。亞馬遜網站的重複策略來勢洶洶,卻因為善用本身完美的產品消除跟顧客之間的摩擦,這點可是無人能比。

以下僅舉幾例說明亞馬遜網站的零阻力服務:

➤ 亞馬遜網站把你的信用卡資訊全都儲存起來,方便你使用。(事實上,如果你想在亞馬遜網站上註冊一張新卡,你甚至不用把卡片翻到背面找到三位數授權碼後輸入。)此外,你可以選擇「一鍵下單」(one click)的購物方式,整個購物過程無需再次輸入、再次選擇或再次考慮任何資訊:付款方式、送貨地址、帳單郵寄地址、送貨方式。總之,從你有購買念頭到瞬間完成購買,整個過程中幾乎不會因為付費問題受到干擾。

➤ 亞馬遜網站馬上將你的訂單傳給貨運業者,通常是肯塔基州列辛頓市的優比速快遞公司(UPS)。這樣你就能晚上訂貨,隔天早上就收到貨。亞馬遜網站幾乎可說有100%的把握,在緊要關頭讓顧客及時拿到商品。

➤亞馬遜網站可以協助你找到正合你意的產品，這得歸
功於該網站率先使用以數百萬名顧客的資料為基礎、
威力超強的顧客評鑑系統。

亞馬遜網站具備一種獨一無二的特性組合：最先進入市
場、規模龐大、資金雄厚；對大多數企業來說，這些特性可
能不是實際可達成的目標。舉例來說，亞馬遜網站的包裹能
以比競爭對手的產品更迅速便宜的方式運送給顧客，因為大
型貨運業者為了取得亞馬遜網站非比尋常、數量可觀的貨運
合約，幾乎願意接受亞馬遜網站開出的任何條件。而且，亞
馬遜網站幾近壟斷的地位，讓它能任由顧客在網站上發表批
評商家產品的言論，卻不必擔心因此失去任何優良商家（對
優良商家來說，留在亞馬遜網站更有利可圖，所以他們甘願
接受顧客對少數幾項產品的批評）。為了創造一種無阻力的
付款方式和帳戶體驗，亞馬遜網站必須投入大筆資金，開發
功能超強、通常由其特有並始終嚴格執行的資訊安全策略
（其技術長意有所指地說，亞馬遜網站內部就雇用「一群駭
客，職責是入侵亞馬遜網站的系統」❽，以證明其系統的防
範能力）。藉由重金禮聘全球頂尖程式設計師和安全專家設
計系統，亞馬遜網站才能提供無阻力的網站體驗和安全無虞
的帳戶。

亞馬遜網站還具備夠強大也夠完善的系統，因此可以淡化日常工作中強調的人與人之間的顧客服務。出現緊急狀況時，你或許能在亞馬遜網站找到一名出色的員工（我們就有親身經驗），但也可能碰到缺乏人際溝通技巧的員工，對你很不客氣，只是在你受挫或被惹惱時發一封信做做表面文章（這種事我們也遇到過，而且不止一次）。如果你在全球市場上具有幾近壟斷的地位，又有辦法提供最完美的產品，那麼你或許可以暫不理會或長時間不去理會人際溝通的問題。但是對包括我們在內的大多數企業來說，卻要努力、持續一致地為顧客提供人性化的優質服務。

雖然我們總是能從亞馬遜網站這家卓越企業學到一些東西（包括如何打造真正「完美產品」，如何維持及持續改善這種自助服務的高標準），但整體來說，亞馬遜網站的經營模式對大多數企業而言並不是一種最實際可行的模式。在大多數行業裏，想要達到亞馬遜網站如此包羅萬象的經營範圍或無阻力的線上體驗根本不切實際。（想達到亞馬遜網站這樣大的規模也是癡心妄想：我們敢打賭就算是任天堂Wii這麼夯的遊戲機，你也沒辦法跟亞馬遜網站一樣，平均每分鐘賣出2.5台。）❾

所以我們希望你能找出跟亞馬遜網站不同的做法，建立自家企業的顧客忠誠度。在較小的規模上力求完美，讓貴公

司在網路上跟顧客互動的每個接觸點，充滿無微不至的關懷。

第一次開辦網路業務：具體步驟個案研究

假設你有一家實體企業，你想把事業版圖拓展到網路上，這是你第一次開辦網路業務，該怎樣按部就班去做呢？我們發現對想透過網路拓展業務的每家實體企業來說，根據每家企業的情況個別去設計比較有效。但是，我們應用的原則中，有很多具有共通性，對所有企業都適用。我們就以一家從未利用網路做生意的地毯清潔公司做說明。

首先，這家地毯清潔公司為什麼要開辦網路業務呢？因為現在許多屋主喜歡上網研究地毯清潔這類話題。（地毯需要多久清潔一次？收費過高和上當受騙的情況有多普遍？清潔地毯要花多少錢？）所以，在翻閱廣告分類簿前，屋主會先上網搜尋「地毯清潔」的相關資訊。

想靠硬性推銷來拉生意根本不可能，提供免費可靠的資訊才能吸引顧客上門。想想看：身為在這一行從業多年的專家，你對地毯清潔的大小事一清二楚，你的意見相當寶貴。何不在網路上提供免費的專家建議，以便顧客查詢？你提供這些資訊，就能換取收益——顧客在偶然間發現你的資訊，

受惠於你的資訊，就會想找貴公司提供服務。

在網路上提供資訊有很多方法可用（例如：Youtube影片、部落格、在只提供資訊的商業網站，穿插貴公司服務與產品的連結等等）。在網路上提供免費資訊供人們瀏覽是件好事，這樣做讓人們覺得你更值得信賴，也吸引潛在顧客，因為提供專家建議可以讓你成為專家——潛在顧客心目中的專家。因此，就增加潛在顧客跟你惠顧的機會。

只是要小心，不要把這些專家建議拿來幫自家產品打廣告。消費者在上網時通常有這種習慣，把收集的資訊跟選擇的服務區分開來。（所以，你也不要犯相反的錯誤，在屋主尋找服務商家時弄不清楚你是否提供服務。其實，只要巧妙地把專家建議這類資訊跟其他內容分開就好。）

貴公司的商業網站該是什麼模樣呢？整體來講，你的網站應該有簡單親切的介紹訊息，突顯貴公司在方法、技術、背景和人員方面有哪些優勢——列出對潛在顧客來說有重要性的內容。依照長篇介紹／短篇介紹的模式設計網站：把簡短的內容放在前面，如果顧客想了解更多，可以查看額外資訊。

接下來，就利用電腦控制模型的強大威力讓訪客可以輕鬆瀏覽，並估算購買服務實際需要多少費用。訪客可以輸入基本的數據（X間房、X級台階、有沒有玄關），然後馬上

就能取得一份清楚詳盡的報告。

　　要讓顧客覺得貴公司的網站輕鬆好用，就該讓顧客不用輸入密碼、所在位置或其他個人資訊，就能使用這些功能。一旦顧客習慣登入你的網站並感到滿意，屆時你就有機會請求顧客設置密碼保護，並儲存顧客相關資料且加以註記。讓顧客有機會說服自己，認可貴公司的服務。

服務密技＞

善用事先設定的軟體「解決方案」就能以少做多

　　如果你跟所屬行業的專業軟體公司購買預先設定好、功能強大的網站技術，那麼你只要把其中一些刁難顧客的功能關掉，就能產生最佳服務成效，比方說：在顧客初次造訪貴公司網站，只是「來看看」時，就要求顧客輸入密碼登入，或其他會趕跑潛在顧客的類似阻礙，這類功能就要關掉。

　　讓想跟你聯繫的顧客選擇自己方便聯繫的時間，然後透過網頁表單送出。定期監控這個表單的處理流程（確保監控措施遵照我們建議最安全可靠的方法〔詳見第三章〕——例如，親自試填表單並查看表單的下落），確保表單送至負責

安排工作行程的部門。

現在，終於到了跟顧客互動的第一個接觸點。你開始建立顧客忠誠度的機會來了。你依照約定好的時間打電話給顧客，而且你請最親切且訓練有素的員工來打這通電話：這個人很機靈，能覺察到接電話的人可能一時想不起來跟你有過這個「約定」，畢竟現代人都有很多事要忙。你需要找一位懂得電話溝通技巧的人，能敏銳覺察顧客的反感，就算顧客先前要求你打電話給他，但是當你打到顧客家裏時，這種商業來電都可能引起顧客反感。貴公司人員打電話給顧客時應該這樣說：「早安，我是法茲地毯清潔公司的瑪麗。我接到要求今天早上打電話找辛克萊女士，請問她在嗎？」

下一個跟顧客互動的接觸點是，貴公司技術人員到辛克萊府上時。這時還是讓那位最親切的員工打電話跟顧客確認約定的時間：

> 您好，辛克萊女士早安。我是法茲地毯清潔公司的瑪麗，我只是禮貌性的問候，想跟您再次確認本公司技術人員將在5點到7點之間到您府上。

想想看，這種來自網路的體驗多麼別出心裁。在沒有被冒犯、沒有任何不便的情況下，顧客就找到自己需要的資訊：既特定又個人化且合乎自己需求的資訊。顧客自行決定

要公開多少個人資訊，也利用網路的行程安排，請服務廠商按照顧客的時間表來安排工作，而不是任由服務廠商排定時間。當約定時間到了，一位和善又懂電話溝通技巧的員工，彬彬有禮地致電確認，以人性化的服務為整個服務流程加分。

假設貴公司的技術人員準時抵達這位顧客府上，也順利完成工作，貴公司收費合理也附上清楚帳單明細，並周到地向顧客道謝。這時，你已經成功地向前邁進一大步，為貴公司贏得一位強大的盟友——這位顧客將成為你的忠誠顧客，還會跟朋友大力推薦貴公司。藉由善用網路的強大功能，你才能讓潛在顧客找到你，並透過訓練有素、細心周到的人際接觸，留住顧客的心。

第 11 章

問候與道別
——跟顧客打交道的兩個關鍵時刻

　　在整本書裏我們一直扮演嚴師的角色，督促你把每件事做好，從不放鬆。我們再三強調時時刻刻對顧客格外用心的重要性。不過，顧客服務其實也有捷徑可循。我們在第三章中提過要把心思放在跟顧客互動、最能發揮影響力的幾個關鍵情感時刻——讓顧客留下最生動難忘的回憶。在第四章，我們談到其中一個關鍵情感時刻就是服務的補救。現在我們把焦點放在另外兩個關鍵情感時刻，那就是：您好（問候）和再見（道別）。

　　問候與道別是服務的起點和終點，是記憶研究人員所說的序位曲線（serial position curve）中的兩個頂點位置。在事項和事件清單中，第一項和最後一項最容易被人們記住。如果你想親自證明一下，可以按照記憶研究學者羅芙特斯的方法，給你的朋友列一張要記住的事項清單——比方說：火雞、鹽、胡椒、番茄、南瓜、乳酪、牛奶、奧勒岡葉、辣椒粉、奶油。很可能第一項和最後一項（火雞和奶油）是最容易被記住的。❶

　　問候和道別也一樣，只要處理得當，能讓顧客對你產生「好感」，也能事半功倍，坐收漁翁之利。

第一印象從古至今都很重要

　　幾千年來，問候跟第一印象在人際關係上一直有其獨特的重要性。古希臘時期，國王奧德修斯（Odysseus）之子泰勒瑪庫斯（Telemachus）就知道第一印象很重要：「他現在瞥見雅典娜，他直接往門廊走去，盡量克制自己，因為有客人可能還在門口，」荷馬（Homer）這樣寫道。❷

　　幾千年之後的現代，我們來到美國緬因州巴港（Bar Harbor）這個風景如畫的地方，克里斯·坎布里奇（Chris Cambridge）在這裏開了一家手工藝品店，在他的隔壁有一家廣受歡迎的冰淇淋店。坎布里奇知道親切地說聲「您好」有多麼重要，他也熟知古希臘人的習性：顧客在其他店裏看到的大多是「入內禁止飲食」這類告示，坎布里奇反其道而行之。他這種一反常態的做法為他贏得許多顧客，他大膽貼出歡迎顧客上門的這種聲明：

是的！您可以把冰淇淋甜筒帶進本店
——只是小心別滴到地上。

　　為了確保顧客知道他的店歡迎顧客上門，坎布里奇還用較小的字體加了一句：

另外，我們也歡迎您帶小狗入內！

　　許多公司是由櫃台服務人員、老闆自己或其他接待人員，負責訪客的接待與道別。所以，重要的是負責這項職務的人要善於表達，能親切歡迎顧客並真誠有禮地道別。如何妥善處理這兩個重要時刻，就是建立品牌形象的關鍵。這就是為什麼送往迎來的接待工作最好由一位技巧純熟、訓練有素、上進又具備顧客至上特質的老練員工來做。這也是為什麼我們不建議你把接待工作交給菜鳥去做──因為不管你怎麼稱呼這項職務，「創造第一印象和最後印象」可是貴公司最重要的職務之一。

服務密技＞
你要提供哪種服務水準？讓顧客一上門就知道

　　問候最先要做的一件事就是，讓顧客知道自己能在你這裏享受到怎樣的服務水準。顧客將得到非順從式服務、順從式（被動式）的服務或前瞻式服務？

　　非順從式服務（「麻煩給我倒杯水，好嗎？」「哦，沿著這條路一直走，有一台飲水機。」）這樣講只會把顧客趕跑。他們要杯水，卻什麼也沒要到，對方只是不情願地指引方向。（實際上，非順從式的服務是一

種很差勁的服務，所以我們尊重讀者，不會浪費篇幅對此多做敘述。）

順從式服務（「我可以要點水嗎？」「當然可以，水在這裏！」）是現代商界最起碼的要求。順從式服務不會讓顧客感到不悅，但也不會贏得顧客的青睞。順從式服務可以做得很好，但是不會為你的品牌贏得忠誠顧客。

前瞻式服務（「歡迎光臨，今天可真熱，我給您倒杯水好嗎？」）很少見。但是如同我們討論過，顧客忠誠度就是這樣建立起來的。當你預先設想顧客的期望，顧客就會有種奇妙的感覺，覺得自己受到細心照顧。這種感覺創造忠誠度，為貴公司創造策略價值。

所以，如果你能順手幫顧客開門，顧客就知道在你這裏能享受到這種頂級的服務——如果你能確實做到「一聲問候就贏得芳心」，你就能讓顧客對於接下來的服務體驗產生好感。

親切得體地問候顧客，顧客就比較不在意後續接觸過程中發生的小問題。問候做得好會增進後續人員互動，並能大幅影響顧客對你所銷售之實質產品的看法。

適當問候最重要的環節就是致意。致意是什麼？無論從

字面上還是寓意上都表示被看到、被承認、被歡迎和被感激。再次引用餐飲業傳奇人物丹尼‧梅爾的話，致意就是「顧客想再次光顧的首要原因」。❸

　　顧客再次光臨時，就該特別向顧客致意：讓顧客感受到自己被人想念，他的再次光臨填補他不在時的空虛。貝絲‧柯瑞克（Beth Krick）是賓州某所小學的校長，我們非常欽佩她，她每天早上都會在學生走下校車時問候他們跟家長。所以，如果某個孩子或某位家長一連幾天沒出現時，柯瑞克女士一定會注意到，當他們再次到學校時，她會由衷地說：「我們很想念你。」這可是各行各業、無論公司大小都該努力做到的標準：讓每位再次光臨的顧客，都能獲得這種簡單的致意。

服務密技>
顧客可能比你預期的更早跟你接洽

　　要牢記在心的是，顧客一跟你接觸，服務就開始了——但是第一刻究竟從什麼時候開始，只有顧客有權決定，也許這一刻比你想的或希望的要早。舉例來說，假設有一位顧客將車子停在零售商的停車場，他先看到停車場圍籬上的鏈子斷了、地上到處都是煙蒂。這時，顧

客已經跟零售商產生第一個接觸，可是零售商還一無所知，根本不知道應該要努力消除這種負面印象。對零售商來說，這是不公平的（停車場可能不是由零售商管理），但事實確實如此。這就是為什麼管理周嚴的度假飯店都非常注意顧客蒞臨時的一整套禮數：鮮花、招牌、門口親切的警衛和門房。等你進到自己的房間，你會覺得自己不知不覺被帶進另一個世界。

別在電話上匆忙問候和道別

恰當的電話接聽順序應該包括：感謝顧客來電、清楚的介紹、以及真誠提供協助。結束通話時要跟顧客做個人化的道別，親切邀請顧客再次光臨。在許多公司，接聽電話的招呼語可以簡短，但仍讓人覺得很窩心：「感謝您致電 L&M Stagers! 我是比爾，我能幫您什麼嗎？」（而不是：「L&M Stagers! 我是比爾。」）結束通話時也可以簡單地說：「感謝您的來電，彼得森太太。希望您的計畫一切順利，下次您進城時還會想起我們。」

人們很容易認為妥善處理問候和道別，要花太多時間。但實際上，每通電話只要多花六秒鐘，就足以將接聽和結束

通話做到這樣的程度。如果你一天接聽三十通電話，每天只要多花三分鐘時間就能提供極致的服務，讓顧客印象深刻——在每天八小時的工作中，只需要三分鐘就能做好此事！所以，別拿電話太多當藉口，就馬馬虎虎處理電話中的問候與道別。

服務身障顧客是責任，也是機會，要從在門口迎接他們的那一刻做起

貴公司的入口處就是你給予顧客的視覺「問候」，也展現出你對身障顧客的態度。我們知道有些公司多年來不曾有輪椅顧客上門，即使把門口的小坡道清理乾淨、保持通暢，看起來卻是徒勞無功。我們卻不這樣認為，我們反而認為這種對身障顧客顯而易見的邀請和歡迎，不僅向他們本人也向他們的親友和無數關心他們的人，傳達一個有力訊息：那就是你為他們清除門口的障礙。這件事你做對了。

你可知道，大多數行動不便的顧客是不用輪椅或代步車的。對企業領導者來說，重要的是清楚身障人士的各種不便，知道要用哪些具有成本效益的方式，讓工作場所更方便身障人士出入。許多人只是行動稍有不便，你只要多花點時間了解，就知道該怎樣接待他們。舉例來說，在我們這個人

口日漸老化的社會，最常見的殘疾就是關節炎及相關肌肉骨骼疾病，這些疾病通常會讓患者疼痛不堪。因此，企業最好在所有入口、廁所和其他可能出入處，使用「通用」門把，代替球形門把。也因為這項重要原因，企業要安裝輕一點、可自動關閉的門。可以看看這方面的相關書籍，直接或間接讓貴公司的「實體架構」更適合身障顧客使用；或許這樣做要花幾千美元，但你對這方面的研究就能確保這項投資絕對值得。

視覺障礙和聽覺障礙也很常見，不管你是親自還是在網路上跟這類顧客及其親友打招呼，一定要為他們營造一種非比尋常的溫暖「問候」。

網路有一種巨大的潛力，可以讓失去視覺和聽覺的顧客跟正常人一樣，享受平等的待遇。首先，你務必確定不能出現以下情況，把身障人士拒於門外：

➢ 驗證碼。為了確定是真人在看螢幕，而把字母和／或數字顯示成圖像而不是文字。透過區分是人類還是程式自動輸入，驗證碼有助於成功防止自動化駭客工具的攻擊。問題是：有視覺障礙、依靠螢幕文本閱讀器的人也無法識別驗證碼，結果幾十年來讓視障人士也能接觸網路的努力因此功虧一簣。如果貴公司的網站

沒有必要使用驗證碼，就不要使用；如果一定要用，就找一個有智能語音識別功能的驗證碼程式來代替。

➤ 圖片沒有可讀的alt標籤。先前我們說過，alt（替代）標籤是用來描述或替代圖片的說明文字，可以透過文本閱讀器閱讀。你可以把它當成標題。務必要讓你的網路團隊就像仔細檢查網站內容那樣，認真檢查alt標籤是否完整準確，比方說，徹底檢查是否有些連結無法連上網頁。

➤ 除了透過電話，沒有其他途徑可以獲得服務。如果有聽覺障礙的顧客想跟你聯繫要退還某件產品，是否能以電子郵件進行退貨呢？如果貴公司的政策是只能透過電話聯繫（因為貴公司想在電話上再跟顧客推銷或基於其他原因），那麼你最好有功能齊全的聽力障礙者／語言障礙者專用通訊設備，方便有特殊需求的顧客使用。但我們建議你還是要建立電子郵件溝通管道，方便這類顧客跟你聯繫。

當然，入口處的障礙除了發生在出入口，還可能發生在其他許多地方。對於坐輪椅的人來說，你那裏只有一條狹窄的走廊，也沒有明顯標示可改走其他通道，這種第一印象就會把整個交易搞砸。以下列舉我們見過的一些其他障礙，這

些障礙顯然在跟顧客說「我不在乎你！」

> ➤ 一家知名水療中心總是把一些花飾擺在廁所的安全扶手上，妨礙顧客使用安全扶手。
> ➤ 一家砸重金改裝的咖啡館在通往化妝室的轉角，放了一台果汁冷飲機，占了很大的空間，輪椅根本無法通過。
> ➤ 國家公園服務中心人潮擁擠的禮品店裏，入口坡道的欄杆上全擺滿商品。
> ➤ 辦公大樓的電梯鑰匙卡插槽，在電梯按鈕上方很高的位置。
> ➤ 許多公司把車輛和垃圾裝卸車停在身障人士通道旁邊、用交叉線畫出的禁停區域，他們顯然沒有察覺到這個區域是為了方便身障人士上下輪椅和代步車而設立的。

　　除了考慮產品的實質面外，更重要的是考慮員工用什麼方式跟自己協助的身障顧客互動。我們經常看到的情況是，服務人員在坐輪椅顧客旁邊站得直挺挺的，或是用手抓住視障顧客的手臂，試圖把顧客帶到某個地方（而不是把手臂伸給顧客抓住）。關於如何為身障顧客提供適當的服務，坊間有很多不錯的訓練課程，值得投資學習。

訓練接待人員利用殷勤服務讓顧客上鉤

　　在訓練員工時用些很蠢的主意也是可以的：誇張的言辭最能讓人印象深刻。舉例來說，英格雷利在解釋接待人員的工作時，就用很蠢、很有想像力又極其誇張的方式，做了以下這個比喻：

　　有隻貓四處徘徊覓食，留神觀察並等待獵物出現。一旦有東西進入它的狩獵範圍，這隻貓馬上高度警覺，密切注視周遭的動靜：我要去抓它嗎？為顧客服務就要像這隻貓一樣地思考和行動。當獵物進入你的視線範圍內，你要像這隻貓一樣高度警覺，全神貫注地去想：這種情況下要提供服務嗎？

　　你的狩獵區就是櫃台區域：從正門一直到電梯等候區。在這個區域，任何顧客應該都逃不過你的眼睛，你隨時準備「獵取」他們。想想看，以下這種經歷你碰過多少次？你走進大樓，接待人員在櫃台後面忙著做自己的事，你必須走到櫃台前才能引起她的注意。那位接待人員不像頂尖獵人那樣，隨時等待獵物出現。

　　如果她是一位頂尖獵人，每當有人經過她的狩獵範圍，她會本能地立刻審視這個區域，弄清楚究竟有什麼

動靜。如果時機對了，她會主動出擊，看看有什麼可以
捕獲──我是說，看看有誰需要協助！

有點搞笑，是嗎？但整個訓練過程會變得生動有趣，也
讓接待人員的日常工作增添不少樂趣，他們的腦海裏會浮現
一幅生動的畫面，自己像個獵人一樣，把每位經過櫃台區域
的顧客都當成獵物。

是Google ── 而不是你── 決定造訪者從哪裏登入你的網站。無論如何，都要妥善招呼造訪者

在網路上你會遇到一個難題：「問候」很重要──但你
無法決定訪客是從哪個網頁造訪你的網站。是「Google」決
定大部分訪客從哪裏造訪你的網站。當然，依照墨菲定律
（Murphy's Law），訪客一定會從你的網站上某個神祕且高度
專業的偏僻角落造訪，一定不是你全力以赴製作的那個網
頁！

我們就用下面這三項策略來克服墨菲定律：

1. 預先設想「迷途」的訪客會（透過Google、維基百科
的內建連結等）進入貴公司網站少有人知的內部網頁，所以

你要讓每個頁面都呈現歡迎訪客造訪之意，網頁要包括：

> ➤ 公司所有者姓名（通常用一張照片加上幾句歡迎詞）
> ➤ 線上交談連結
> ➤「初次來訪？」導覽按鈕
> ➤「馬上跟我聯繫」按鈕

2. 為了減少這種以非預期途徑進入貴公司網站的情況，你可以考慮花錢解決這個問題。你可以採取各種不同的方法，說服人們從網站首頁進入。你可以利用Google的關鍵字廣告和其他點擊付費的網路廣告模式，比方說在潛在顧客最喜歡的網站上刊登橫幅廣告。在很多情況下，這種網路廣告模式——把你的誘餌小心放在目標顧客常出沒的網站——跟過去透過電視、廣播、印發傳單那種效率低「廣撒網碰運氣」的廣告模式相比，可說是一大改進。

這種目標式網路廣告的特點之一就是，你能控制潛在顧客從哪裏進入你的網站。點擊這類廣告的人就會被導向一個引人入勝的頁面，頁面上有你提供跟初次見面有關的最重要資訊。你甚至可以徵得他們的允許，向他們推薦一些產品——實際上，是開始跟他們對話，了解他們的需求並介紹你的服務。當然，盡可能跟他們詢問愈少資訊愈好。如果你可以透過電子郵件取得一些訊息，就讓對方留下姓名和電子郵

件地址。讓人們可以輕易登出你的網站，如果他們想定期瀏覽你的網站，你要清楚說明該怎麼做。如果他們想跟你聊天或傳電子郵件給你，也要把這些相關連結放在網頁上。

3. 對於直接進入網站首頁的訪客，有些可能是新訪客（未被識別），有些則是再次造訪的顧客，你提供給這兩群人的體驗要有所不同，就像在實體店面一樣，對待新訪客和再次造訪的顧客必須有所區別。對於再次造訪的顧客，你要歡迎他們再度光臨，並邀請他們瀏覽一些符合其個人需求的產品。對於新訪客（或你無法識別的顧客），可以彈出「初次來訪？」的畫面歡迎他們，並邀請他們跟你對話：引導他們了解你的網站，取得一些免費資訊——無論採取何種方式，只要能讓他們多花一點時間瀏覽你的網站，直到你跟他們建立某種聯繫為止。

別急著說再見

企業總是匆忙地跟顧客說再見——或者根本完全省略這個步驟。畢竟，你覺得自己總算順利完成一件工作，可以鬆口氣，繼續做下一件事了。因此，交易通常是以一紙發票結束。這樣真是浪費大好機會啊！如果顧客對你很滿意，那麼

道別是維繫你跟顧客情感的最後且最重要的機會，也為整個服務畫下完美的句點。

試著在每次跟顧客交易結束時，給顧客留下真誠難忘的印象。有許多服務體驗本來可以做得很好，最後卻草草結束，只是把信用卡交還顧客或簡單說句「可以了」或「下一位」就了事。有多少得來不易的商譽，就這樣喪失掉？答案是：很多。

所以，在結束跟顧客的互動時，一定要以個人化的方式跟顧客道別，並邀請顧客再度光臨。如果把這件事處理得宜，這種道別方式會是既貼切又能產生共鳴，並且是持久的（見下文）——但是在結束互動之前，一定要真誠從容地問最後一句：「還有什麼能為您服務嗎？」如果顧客回答「沒有了，謝謝」，這時就可以依照下列做法結束服務：

1. 道別的方式要貼切：稱呼顧客的姓名打開話匣子，時機適當的話就遞上你的名片。除了這些明顯動作以外，還要依據顧客以往跟你之間的互動，調整談話內容。舉例來說，如果今天是顧客在此開會或度假的最後一天，你就送上真摯的祝福，祝他旅途平安。如果你是零售業者，就對顧客說希望產品能令他滿意。

2. 產生共鳴：如果合適的話，送顧客一份小禮物，可以

送顧客的小孩棒棒糖、或送顧客一張精美明信片或一本書。最理想的禮物是既能讓顧客對你的品牌產生情感共鳴，同時又適合顧客的禮物。顧客離開時邀請她下次再次光臨。

3. 持久：除非購買型態不適合這種做法，否則顧客購物後就寄上感謝函。個人親筆信函會比事先印製信函的效果更好——最多只要花1美元，卻是你最值得的投資。

服務密技>

道別時失態反而因小失大

在順利幫顧客解決問題後，絕不可以在道別時，跟顧客變相推銷其他東西。顧客遇到麻煩找你解決，這時你只要做一件事就是：解決顧客的問題。顧客在這種時候特別脆弱也很依賴你，因為只有你能幫他們。此時顧客情緒低落，你乘虛而入在最後關頭跟他們推銷，就像是扭住他們的手臂脅迫，或是引誘顧客上鉤後借機要顧客買高價商品。沒錯，這時他們或許會買你推銷的任何東西，但事後他們通常會怨恨你。

把招呼和道別這些業務委外處理的風險

將問候和道別這些業務委外處理時一定要謹慎。當然，外包通常是做生意的必要環節：如果處理得當，外包既合適也令人滿意。但是這種做法也可能成為特洛伊木馬，腹中裝滿敵人，對充滿好意的顧客進行一次徹底洗劫——有時甚至在顧客還沒迎上門前就發生這種事。

我們用戲劇化的語言來描述此事，是為了確保你特別留意我們說的話：外包商全體人員的素質、外包商的遴選流程、訓練標準、他們的儀表打扮、行為規範——這一切——都必須跟貴公司的形象完全吻合。從顧客的角度來看，如果某位員工穿著有貴公司標誌的服裝、或接聽他們的電話、為他們開門，這位員工就是貴公司的員工。

更糟糕的是，許多外包商在問候和道別時出狀況，就算事出有因也無濟於事：「哦，他是保全公司的人」；「哦，他們是停車服務公司的員工」；或者「很抱歉，她在電話裏對你吼——她是臨時人員。」

基本上，這些話都是在哄顧客（或是哄你自己），只是要讓顧客接受「那不是他們的錯。」但是對顧客來講，這種說法根本就是胡扯。「如果我跟你買了產品，」一位顧客這樣解釋，「卻由你雇用的其他人來服務，那麼，對不起，對

我來說，那就是你的服務。」而且，如果這種草率服務發生
在顧客上門和離開的瞬間，正好就破壞了足以影響顧客對貴
品牌認知的關鍵情感時刻。

服務密技＞

就算沒招呼好顧客不是你的錯，你還是得解決這個問題

　　儘管你立意良善，但是在跟顧客問候或道別時，還
是可能出錯。你的員工必須察覺此事並想辦法解決，而
且在影響顧客整個體驗前就要解決掉。經驗豐富的服務
業人士傑伊・柯德倫（Jay Coldren）跟我們提及他剛入
行時令他印象深刻的一件事。那時，柯德倫剛在一家知
名鄉村飯店暨餐廳擔任經理。從匹茲堡開車過來的一對
夫婦要在飯店住三個晚上，慶祝他們結婚二十五週年。
這對夫婦一年前就安排好這次旅行，也在出發前一起翻
閱飯店大廚的烹飪食譜，還把車打蠟好，以便到達飯店
時顯得很氣派；甚至還特別準備野餐在路上享用，也準
備好好享受四個小時的車程。夫妻倆開心地計畫這次旅
程，也想好這次旅程能得到什麼樂趣，但不幸的是……

　　當行李員從車上卸下行李時，這位太太對她先生

說：「別忘了我的包包。」她的先生看看後車箱，臉上露出驚慌的表情。顯然，她出門時把包包拿到車庫，放在車旁以為先生會把包包放進後車箱，但先生根本沒看到包包。這時，這位太太一定快氣炸了：

　　這位可憐的女士住進地球上最昂貴的飯店之一，但是除了身上的衣物，其他什麼也沒帶！當門房跟我正想辦法怎麼做才能讓這對夫婦開心起來，這時一位比我更資深的員工開著我們公司的車來到飯店正門。我奇怪地看著他，他只是微微一笑然後說：「把他們的鑰匙和地址給我；我會在晚餐前趕回來。」我嚇了一跳。沒有人要求他這麼做，但他卻毫不猶豫挺身而出。這位資深員工跟飯店的服務文化合為一體，他真的知道什麼事情該做。在那位女士還不敢相信我們真的去她家幫她拿行李來時，這位資深員工已經上路前往匹茲堡了。他開了八小時的車，在這對夫婦預訂九點用晚餐前趕了回來。❹

現在該作者說再見了，願我們提供的資源和協助讓你在商場上暢行無阻

道別是你最後、或許是最令人難忘的機會，為你描繪的顧客體驗壁畫添上最後一筆，重要的是讓這一筆能夠發揮作用。在你即將看完這本書時，我們也要加上最後一筆，我們想讓你知道，我們多麼感激你跟我們一起度過的這段時光。

對本書中提及的任何主題，或您覺得書中可更深入討論的話題，歡迎您跟我們聯繫，我們很樂意收到您的來信。

您可以寄電子郵件給英格雷利，電子郵件地址是 Linghilleri@westpacesconsulting.com。英格雷利的顧問公司就是以「傳奇顧客服務的創造者」為口號，他期待下一個挑戰，以實現自己公司的品牌承諾。

另外，你只要寄電子郵件到 micah@micahsolomon.com 就能立刻找到所羅門。

再次感謝您花時間閱讀本書，衷心希望您能提供建立顧客忠誠度的極致服務。

附錄

　　我們希望提供一些具體實例，讓你知道如何跟員工溝通服務標準及公司經營理念。這裏舉出三個具體案例，說明如何鼓勵員工預先設想顧客的需求。每個實例都是根據企業的具體情況、企業跟顧客之間的特殊關係而精心設計的。我們希望這些例子能激發你探索前瞻式服務的真締。

　　綠洲唱片公司的顧客互動和電話溝通指南以及專門用語摘錄，說明如何跟顧客進行電話溝通和面對面交談、如何選擇適當用語、以及一般性的原則。這份指南和摘錄適用於直接跟大眾接觸的員工。這個實例展現出，我們的原則如何應用在所羅門創辦的、非正規服務的綠洲唱片公司。這份指南和摘錄的篇幅剛好可以做成三折頁小冊子，方便員工在工作場所參閱，也可以摘錄其中內容，做成方便放進口袋的小卡片。

　　嘉佩樂飯店及度假村的企業準則／服務標準和經營理念，這個實例說明一個有正規服務風格的豪華飯店，如何將本身的服務標準和經營理念，濃縮成一本方便攜帶的簡明指導手冊。他們印刷的卡片很小，可以做成折頁放在口袋裏。這些原則和行動指南可以讓員工時刻謹記自己在公司工作的總體目標（詳見手冊上企業準則這部分），也牢記在不同情況下跟顧客和其他員工互動的關鍵步驟／要素（詳見服務標準這部分）。

CARQUEST 卓越服務標準是我們提供的最簡練、最不正式的例子。這個例子說明如何將一本簡單扼要、方便攜帶的指導原則和行動手冊，變成適合於非正式顧客服務場所使用的指南。它的篇幅很短，可以張貼在工作場所的各個地點。

附錄涉及的版權如下：

附錄A：© Four Aces Inc., courtesy of Micah Solomon, All
　　　　Rights Reserved

附錄B：© General Parts, Inc., All Rights Reserved

附錄C：© West Paces Hotel Group, All Rights Reserved

附錄A

綠洲唱片公司
——顧客互動和電話溝通指南及專門用語摘錄

© Four Aces Inc. All Rights Reserved, Courtesy Micah Solomon

顧客互動指南

● 推薦使用的致謝和問候語
 — 「當然」（Absolutely）
 — 「我很樂意」（I'll be happy to）
 — 「馬上」（Right away!）
 — 「這是我的榮幸」（My pleasure）
 — 「謝謝您！」（Thank YOU!）
 — 「不客氣！」（You are very welcome!）
 — 早安／午安／晚安（Good Morning/Afternoon/Evening）
 — 別客氣！（You bet!）（但別濫用）
● 不鼓勵使用的致謝和問候語
 — 沒問題！（No problem!）（只有當你想讓顧客相信他們

真的沒有給你帶來不便時才適用）

- 好！（OK!）
- 嗨。（Hi.）

● 不能接受的致謝和問候語

- 當然啦。（Sure.）
- 嗯。（Uh Huh）（以及其他類似的發音）
- 有事嗎？（Yes?）（當顧客開口說話時）

● 有很多更好和更糟的語言表達方式

在許多情況下，重要的「不是你說什麼，而是你怎麼說」。
把這點牢記在心，說話要小心。

● 恰當和不恰當的用語範例

- 無法接受的說法：「您欠了……」
- 適當的說法：「我們的紀錄顯示餘額為……」（注意：
  粗暴的收款方式很容易流失顧客）。
- 無法接受的說法：「您必須……」
- 適當的說法：「我們發現如果您這樣使用通常效果最
  好……」

● 接聽電話（外線）

- 感謝您致電綠洲唱片公司，我是（姓名），我可以幫您
  什麼嗎？
- 綠洲公司——早安，我是（姓名），我可以幫您什麼
  嗎？
- 綠洲公司——早安。可否請您稍等一下？（由來電者掌
  控）

  （如果你要選用只適合某個時段的問候，一定不要搞錯

時間，不要下午1點說「早安」，或上午10點說「午安」！）

● 接聽電話（內線）

  — 櫃台，我是（姓名），我可以幫您什麼嗎？

  — 櫃台，可否請您稍等一下？

● 道歉

  — 我很抱歉您遇到這種問題，請原諒我們。我可以幫您做點什麼，好彌補我們的過失？

  — 我很抱歉，請原諒我們！我馬上改正這個問題……

  — 我實在抱歉，請原諒我們。我能幫您做點什麼嗎？

  — 聽你這麼說，我很抱歉，我能為您做點什麼嗎？

● 愉快地道別

  — 祝您有美好的一天，再見

  — 感謝您今天和我們一起工作

  — 感謝您致電綠洲公司，再見

電話溝通指南

重要理念：

- 對致電者來說，致電綠洲公司是一種愉快的體驗，也有附加價值。
- 接聽外線電話有三個要素：
  1. 親切問候
  2. 報上姓名（表明是綠洲公司並報上接聽者的姓名）
  3. 提供協助
- 跟來電者互動應該親切真誠並精神奕奕（充分展現特色）。
- 根據對方的節奏調整說話的速度。
- 隨時使用綠洲公司推薦的禮貌用語。不過，每個人可以根據各自的情況從指南內自行選擇問候語。
- 一旦知道來電者的姓名，在適當及可能的情況下，稱呼來電者的姓名。（但不要太過矯情，免得不自然。）
- 總是讓來電者掌控通話過程。
- 以溫馨的道別結束每次通話，如有可能就稱呼對方姓名。
- 接聽內線電話的標準跟外線電話一致（但並不完全相同）：
  - 接聽內線電話至少該自報姓名並問候對方，或自報姓名並提供協助，比方說：早安，我是史蒂文！或者：我是史蒂文，我能幫您什麼嗎？或是簡短地說：「您好，我是史蒂文。」
- **接聽電話例1：**（楷體為來電者）
  - 歡迎致電綠洲公司，我是蜜雪兒，我能幫您什麼嗎？
  - *你好，我想找珍……*

— 當然可以！很高興為您轉接。轉接過程中您是否介意我跟您核對一下您的顧客資料，好讓我們及時更新您的資料？

— 沒問題。

— （客服人員立即核對更新來電者的資料）

— 謝謝您的配合！請稍候……（客服代表通知珍有她的來電）某某先生，珍已經在電話上，您可以跟她通話了。

— 謝謝！

— 不客氣（客服人員掛斷電話）

● 接聽電話例2：

— 感謝您致電綠洲公司，我是潘妮，我能幫您什麼嗎？

— 你好，我是比爾‧史密斯，我想找馬蒂……

— 當然可以！很高興為您轉接。轉接過程中您是否介意我跟您核對一下您的顧客資料，好讓我們及時更新您的資料？

— 不必了，我只想和馬蒂說幾句話！

— 當然沒問題，比爾！（客服人員沒找到馬蒂）

— 很抱歉，馬蒂沒有接聽電話，我能為您轉接到他的語音信箱嗎？

— 你能告訴他回我電話嗎？我的號碼是404 555 1212。

— 當然可以。我一定把您的留言轉告他。我還能為您做點什麼嗎？

— 沒有了，謝謝。

— 不客氣，比爾……祝您今天愉快！

- 總是由來電者掌控
  - 別讓對方感到意外！（例如，自動轉接到無人接聽的分機或轉到語音信箱）
  - 取得來電者同意，才能請對方在線上等候（短暫轉接除外）
  - 不要讓對方超長時間等候（如果對方沒有明確允許，最多讓對方等待1分鐘）
- 過濾來電，必須做得完全隱蔽，不能讓來電者知道

  永遠別說「這通電話的目的是？」「她知道您打電話來是什麼事嗎？」或提到其他會冒犯來電者的問題。而是要像上述那樣請對方提供資訊，或者直接詢問來電者「當然可以——請告訴我您的大名，我好幫您轉接？」（注意這句簡短、不動聲色的盤問既提出要求又說明這樣做的原因，這個原因當然沒有透露接聽者在過濾來電。）

  （注意——這是**關鍵**。顧客最不喜歡自己打電話過去卻被問東問西，所以用詞很重要。你要讓他們覺得在你要求他們說出姓名**之前**，他們就**已經**通過審查了。而且，你要求顧客提供的資訊一定是有專業用途，不是為了過濾來電而問。）

- 不要用免持聽筒（除非對方同意）；要等到對方掛了電話你再掛斷；「最後一句話」永遠由你來說：
  - 感謝您致電綠洲公司！我是史蒂文。我能幫您什麼嗎？
  - 早安……
  - 早安，我是史蒂文！
  - ……可以請你幫我接傑瑞・辛菲爾德嗎？
  - 很高興為您服務！請稍候。

　－　謝謝！

　－　不客氣！……傑瑞在電話上，請繼續您的通話。

　－　謝謝！

　－　別客氣！

忠告和令人反感的用詞

● 當被問到「你好嗎」，你如何回答，可能會影響整個互動過程。

　　— 回答「你好嗎？」（how are you?）時，要既回答你好不好並問候顧客好不好。顯然這是遵循「最後一句話永遠由你說」的原則，但這一點非常重要，所以在此再三強調。

　　— 如果被問起「你過得怎麼樣」（how are you doing?），要毫不含糊地正面回答「我現在很好！」（I'm doing great!）或說「很好」（Wonderful）、「好極了」（Super）等令人開心的類似話語。*唯一一種例外，這種情況比較少見，是你真的遇到不開心的事，而你跟顧客也很熟，跟顧客討論一下似乎也無妨。

　　*（「我很好」〔I'm well〕可能聽起來有點太過完美，在非正式生意場合會讓顧客下意識地感到不自在。）

● 要將來電轉接語音信箱時，要準確使用以下用語：「我能幫您轉到她的語音信箱嗎？」要注意有些人很討厭語音留言。因此，你還要考慮一些創新選項，比方說「等她回到辦公室後，我會親手將留言交給她。」

● 一旦你讓顧客等候轉接，一定要查看顧客是否還在電話上。如有可能，以溫和的語氣建議顧客轉接語音信箱。如果顧客堅持繼續等候，就算你覺得他很固執，也要向顧客致歉，不好意思讓他久等了。注意：綠洲公司是家小公司，我們機動性很高。如果顧客要求給某人留話或跟其他辦公室的人通

話，我們要馬上去做！

● 綠洲公司幾乎沒有什麼不能改變的「政策」。(「政策」一詞千萬別拿來跟顧客說。) 如果你發現自己拿政策當藉口，愈來愈不知變通，那就退到某個角落緩和一下，透透氣，請別人支援。

● 綠洲公司的人不是勢利眼。

　— 我們慎選措詞只是為了跟顧客進行更好的互動，絕非瞧不起誰或要顯得多麼正式。

　— 我們不會憑表面印象對別人有成見。在音樂這個行業，誰重要誰不重要很難說，所以我們假設每個人對綠洲來說都很重要。

● 避免說「不」。

　— 即使你要給顧客一個確切的（否定）答覆，也總有辦法稍微減輕這種打擊：「這個想法很有意思；不過我們已經採用一種對我們確實很有效的做法。要我跟您說一下這種方法嗎？」等到最後要說「不」時，提供替代解決辦法並表達歉意，讓對方容易接受：「我很抱歉，賈米森先生，雖然我們無法將您的貨物全部免費一起運到馬達加斯加，但如果我們連夜寄出兩箱貨，費用由我們支付，這樣可以嗎？」(長話短說：說「不」時後面一定要加一句「肯定」的話。)

● 經常查看語音信箱和電子郵件

　— 你不檢查語音信箱的唯一理由是，你忙著處理某個需要費心「思考」的案子，所以你把全部注意力都放在那件事情上。(這也是你一開始就讓對方來電時切入語音信

箱的唯一理由。）如果你不能待在辦公室，就改在電話
上留言問候——或在外出時經常檢查語音信箱。

● 錄製外出留言或留言給他人時，提到數字就要慢慢講：說到
數字或特殊姓名時都要放慢速度，而且一定要重複一遍！讓
人能夠從容記下這些訊息，不必重聽或重新撥打電話聽第二
次。

● 用電話溝通是有技巧的，要學會這些技巧！

● 姓氏、分機號碼（或直撥電話）以及電子郵件地址是「必須
提供的資訊」：在語音留言和電子郵件中都要提供這些資
訊，方便顧客回你電話。

● 別以為有了這裏提到的幾項重點就萬事俱全，電話溝通要展
現出你的「人情味」，甚至讓你能跟顧客及潛在顧客成為真
正的朋友（假使你仍想維護綠洲公司的利益）。

● 我們不只賣產品，我們也關心顧客跟他們的音樂和夢想。你
工作中最重要的一部分，就是真正關心顧客正在進行的案
子。

● 如果某位顧客或潛在顧客很粗魯，記得要保持禮貌。

　─ 有些人天生比較粗魯（就算你態度再好也無法改變對
方），有些人是因為非常生氣而變得粗魯（這種情況
下，你的態度就會帶來很大的改變）。記住：保持禮
貌。雖然這樣有點不公平，但這是在綠洲必須遵守的
事。

● 雖然綠洲在公眾場合總會站在顧客那一邊，但你要知道公司
是支持你的。

　─ 有時候綠洲必須為了並非公司或員工的錯誤而道歉——

你可別以為管理階層不知道真相如何。

● 永遠不要反駁顧客或讓顧客尷尬。

— 如果某件事讓顧客很生氣，很可能隔天顧客就會為自己的行為感到後悔。

— 如果顧客犯了錯，不要指出顧客的過錯，除非絕對有必要。而且，你必須讓顧客的過錯看起來像是誰都會犯的小錯。

附錄 B

CARQUEST卓越服務標準

© General Parts, Inc. All Rights Reserved

卓越
服務標準

我們的座右銘：
以服務汽車業界為傲的傑出團隊

我們的目標：
提供無可比擬的顧客服務、創新、
升遷機遇和產業領導地位

我們的承諾：
滿懷熱忱追求卓越

「充滿服務熱忱」

我們的卓越服務標準

- 提供無可比擬的服務是我個人的職責，也是我們團隊努力的目標。
- 我隨時展現自己的真誠，贏得和維持顧客的信任。
- 我有責任保持店面、設施、工作場所和車輛的清潔。我的儀表和言談舉止反映出自家品牌的卓越。
- 當我發現問題，我勇於承擔，並努力把問題解決掉。我有權確保顧客滿意並維繫顧客忠誠。
- 我跟顧客建立良好關係，就能為公司創造終生顧客。
- 我樂於接受各式各樣的同事和顧客，並跟他們和睦相處。
- 我願意超越職責範圍，熱心協助同事為顧客服務。
- 我總是以自己的堅強性格和誠信正直，維護並提升公司的聲譽。
- 我總是彬彬有禮，尊重顧客和同事。
- 我喜歡我的工作，我會以親切、樂意和關切的態度，為顧客創造愉悅的體驗。
- 我有責任保護同事和顧客的安全，在我的服務範圍內，我會注意個人安全並為我服務的社群負責。
- 我訓練有素且熟悉業務，能為顧客提供卓越的服務。
- 我做事迅速可靠且反應敏銳，準時完成工作、敬業又專業。我的表現超出顧客的期望。
- 我是一個領導者，在工作上和團隊中以身作則。我奉行公司的價值觀，對此絕不妥協。

附錄 C

嘉佩樂飯店及度假村的「企業準則」
——服務標準和經營理念

願景

我們要成為全球服務業的領袖，我們達到的成就和有意義的貢獻，會對社會產生積極正面的影響。

使命

我們的品牌、我們旗下的各間飯店及其他業務，在各自的市場區隔內成為眾所公認的業界領袖。

目標

鞏固現有顧客
拓展新的顧客
為每位顧客爭取最大利益
服務效率最大化

服務流程

1. 熱情歡迎

眼神交流、面帶微笑
仔細觀察
盡可能稱呼顧客姓名

2. 滿足並預先設想顧客的需求

與顧客步調一致
滿足顧客所期望的和明確表達的需求
預先設想顧客的需求
詢問顧客是否需要其他協助

3. 親切地道別

時代精神（Zeitgeist）

「就在當下」

身為嘉佩樂的專業人員，我們所做的一切要以顧客為中心。
我們提供：

專屬

獨有、私密和奢華的環境，為我們的客人和住戶創造舒適的歸屬感

忠誠

含蓄、優雅和難以言喻的服務，由我們的客人和住戶來定義並且實現他們的個人化體驗

體驗

結合當地文化和活動，為顧客提供親切尊重、周到又個人化的服務，而且服務準點守時、盡善盡美

回憶

美好和豐富的回憶，讓我們的客人和住戶回味無窮

準則

西培思飯店集團的宗旨是，藉由創造符合每位顧客期望的產品，為集團的股東創造價值和無比的收益。

我們提供比競爭者更可靠周到也更及時的服務，我們尊重員工，賦予員工權力，讓員工在有歸屬感和目標的環境中工作。

我們積極支持社會並為社會貢獻心力，並且堅守企業價值觀和榮譽感，行事正直誠信。

CAPELLA™
HOTELS AND RESORTS

服務標準

1. 準則明訂我們從事這一行的目標，而且整體組織為追求此目標同心協力。

2. 所有人都清楚時代精神並具備時代精神，同時讓時代精神發揮作用，因為它是我們對顧客服務承諾的基石。

3. 跟客人之間的所有溝通都要遵循我們的服務流程。

4. 我們互相幫忙，不在乎超越個人職責範圍，盡力為客人提供高效率的服務。

5. 鈴響三聲內就接聽電話，說話語氣要親切和善。用語要展現嘉佩樂的形象。不要過濾來電，避免轉接和讓客人等候。

6. 去發現問題，並在問題還沒有對客人造成影響前就及時改正缺失，是你應盡的責任。防範未然是卓越服務的關鍵。

7. 保證飯店所有地方都潔淨無污。我們負責保持清潔、維護設施並讓整個環境井然有序。每家飯店都遵守我們制定的CARE章程。

8. 隨時向顧客致意。客人離你不到3公尺（12英呎）時，要馬上停下手邊的工作，面帶微笑向顧客致意並提供協助。

9. 安全保障是每個人的責任。清楚知道在緊急情況下，你的職責就是保護客人和飯店財產。發現不安全的情況或出現安全隱憂時要及時報告，可能的話要盡快處理。

10. 參與改善工作中的缺失，持續改善求進步。

11. 客人遇到任何問題時，你要勇於承擔責任，迅速尋求解決辦法。你有權主動協助客人解決任何問題，讓客人完全滿意。按照QIAF流程做好相關紀錄。

12. 陪同顧客直到他們可以認清方向或看到目的地。不要只是用手指示方向。

13. 時刻注意和關注你的客人，

迅速周到且及時提供服務。

14. 尊重顧客個人的時間和隱私，你的服務不能打斷或干擾顧客的活動。絕對不能要客人幫個忙，比方說：向客人索取簽名。

15. 在嘉佩樂的體驗是令人難忘又獨特的。你要主動想辦法為客人帶來驚喜和愉悅。

16. 保持敏銳，根據客人的作風、節奏、情緒和所處的獨特環境來調整你的服務，提供顧客個人化的體驗。

17. 我們的儀表打扮和舉止行為代表嘉佩樂的形象。我們的衣著和個人形象要端莊得體，避免使用跟嘉佩樂形象不符的用語，例如：「喂」、「你好」、「行」、「沒問題」、「傢伙」等等。

18. 表定的營業時間只是參考，為了滿足顧客的期望和喜好，不必因營業時間而受限。

19. 我們得到授權並奉命滿足顧客的需求。為了提供個人化

的服務，我們要在客人到達之前和入住期間，充分了解他們的獨特需求和喜好。

20. 要為我們的客人創造嘉佩樂體驗，知識是關鍵所在。了解飯店所有服務和特有活動，還要熟悉當地的特色、歷史和傳統文化。

21. 保密是嘉佩樂的首要原則，員工不得向媒體和公司以外的任何人透露關於飯店和客人的資訊。如果有人要你提供資訊，請向總經理報告。

22. 在工作場所內外都要積極主動，為我們的飯店和彼此創造良好的環境和聲譽是我們的責任。

23. 所有形式的書面溝通（招牌、信函、電子郵件、手寫便條等等）都要表現出嘉佩樂的形象。

24. 身為專業服務人員，我們總是彬彬有禮，尊重和自重地對待我們的客人和同事。

註釋

第3章

❶ 有關丹尼‧梅爾（Danny Meyer）的待客之道（他喜歡以「服務之道」稱之），我們建議你看看他的著作 *Setting The Table: The Transforming Power of Hospitality in Business*, HarperCollins, New York, 2006。中譯本《全心待客：頂級服務體驗的祕訣》，天下雜誌，2007。

❷ Elizabeth Loftus, *Memory*, Ardsley House, New York, 1980. pp 24-25.

❸ Phoebe Damrosch, *Service Included: Four-Star Secrets of an Eavesdropping Waiter*, William Morrow, New York, 2007. 中譯本《美味關係──紐約四星餐廳女領班的私房密語》，南方家園，2010。

❹ *New York Times*, September 24, 2007: "Walmart.com to Customers: Stop Calling."

第5章

❶ Gary Heil, Tom Parker, Deborah C. Stephens, *One Size Fits One*,

Wiley, New York, 1999, p 43.

❷ *Harvard Business Review*, March 2006.

❸ 賽斯‧高汀（Seth Godin）的部落格貼文，December11, 2007, www.sethgodin.com

第6章

❶ Bill Bryson, *A Walk In the Woods*, Broadway Books, 1999. 中譯本《別跟山過不去》，皇冠，2000。

❷ Edmund Lawler, *Lessons in Service from Charlie Trotter*, Ten Speed Press, Berkeley, CA, 2001.

❸ 要特別注意的是，這種改變必須審慎進行，運用巧思並彈性應變。專業廚房的日常工作跟其他靠手藝服務的環境一樣，都經過好幾個世紀的發展。所以，在傳統廚房日常工作中，有幾千個只有熟手才知道的微妙細節和「應對技能」。把現代製造業的做法應用到這類環境時，就必須保留手藝傳統的獨特優勢，同時善用所引進的新做法的優點。要把兩者整合起來，需要軟性的思維與彈性。

第7章

❶ Martin E. P. Seligman, PhD, *Learned Optimism: How to Change Your Mind and Your Life*, Free Press, NY, 1998, p 257. 中譯本《學習樂觀‧樂觀學習》，遠流，2002。

第9章

❶ Carl Sewell and Paul B. Brown, *Customers for Life: How to Turn That One-Time Buyer into a Lifetime Customer*, Broadway Business, Revised ed., 2002, p 13. 中譯本《樂在服務》，授學出版社，1995。

第10章

❶ http://www.wired.com/techbiz/it/magazine/16-03/ff_free

❷ *Keyboard*, December 1, 2008.

❸ Mark Penn and E. Kinney Zalesne, *Just 1%: The Power of Microtrends*, Change This, Milwaukee, WI, 2007, p 8. 參見網址 www.changethis.com. 中譯本《微趨勢》，雅言，2008。

❹ *New York Times*, "At Netflix, Victory for Voices Over Keystrokes," August 16, 2007.

❺ CD Baby於2009年4月寄給顧客的出貨通知郵件。

❻ Henry David Thoreau, *Walden; or, Life in the Woods*, Ticknor and Fields, Boston, 1854. 中譯本《湖濱散記》，台灣商務，2010。

❼ 賽斯‧高汀個人部落格於2008年1月31日的貼文。關於許可行銷的詳細說明參見其著作 *Permission Marketing*, Simon & Schuster, New York, 1999. 中譯本《願者上鉤》，圓神，1999。

❽ 詳見亞馬遜網站技術長 Werner Vogel 的部落格貼文，http://www.allthingsdistributed.com/2006/06/you_guard_it_with_your_life.html

❾ http://www.joystiq.com/2008/05/06/wii-fit-sells-out-on-amazon-2-5-units-sold-every-minute/

第11章

❶ Elizabeth Loftus, *Memory*, pp 24-25.

❷ *The Odyssey*, Homer, Robert Fagles譯, Bernard Knox導讀, Penguin Classics, New York, 1996.

❸ Danny Meyer, *Setting The Table*, p 215. 中譯本《全心待客：頂級服務體驗的祕訣》，天下雜誌，2007。

❹ 柯德倫（Jay Coldren）於2007年12月發表的個人評論。

致謝

　　這本書要獻給為我們創造難忘體驗的服務專業人士，感謝他們讓我們的日常生活更豐富美好。

　　在此，我要謝謝愛妻Solange耐心且無條件地支持，讓我能無後顧之憂，努力追求專業目標與宏願。過去二十三年來，Solange的智慧與人生觀讓我腳踏實地，也為我的構想和觀念提出最真切的建言。我也要謝謝我那兩個寶貝兒子Gianluca和Niccoló，尤其感謝他們跟我分享自己對「什麼才酷、什麼不酷」的獨到見解。

　　同時，我要謝謝我的「老闆」、良師益友和合作夥伴霍斯特‧舒茲（Horst Schulze），感謝他不吝將有關一流顧客服務的所有知識傾囊以授。舒茲精準到位地專注於一流服務，也以無比的承諾要做到最好，就是讓企業穩坐成功寶座的激勵與動機。

　　最後，謝謝好友所羅門，他的聰明機智為本書介紹的商

業概念增添一個與眾不同的面向，跟他合寫這本書讓我度過
一段美好的時光。

李奧納多・英格雷利（Leonardo Inghilleri），

美國喬治亞州亞特蘭大

　　感謝我再棒不過的愛妻、親友同事，以及目前跟我在綠
洲唱片公司一起共事的Tony、Morris，還有AVL的工作團隊
與顧客。謝謝你們這麼耐心地教導我，多年來忍受我的諸多
缺點，讓我受益匪淺，得以將所學寫成這本書。

　　感謝比我更聰明的哥哥 Ari Solomon，還有聰明和善的
編輯Bob Nirkind以及在AMACOM的工作團隊，以及超棒的
經紀人Bill Gladstone、Gareth Branwyn、Tom Burdette、Seth
Godin、Richard Isen、Cathy Mosca、Rajesh Setty、
ChangeThis/800-CEO-READ的同仁、Rick Wolff和Caryn
Karmatz Rudy、Megan Pincus Kajitani，最要感謝的是英格雷
利，若不是你，這本書根本不可能出版。

　　萬分感謝各位的大力協助。

麥卡・所羅門（Micah Solomon），

美國賓州費城

書　號	書　　　名	作　　者	定價
QB1051X	從需求到設計：如何設計出客戶想要的產品（十週年紀念版）	唐納德・高斯、傑拉爾德・溫伯格	580
QB1052C	金字塔原理：思考、寫作、解決問題的邏輯方法	芭芭拉・明托	480
QB1053X	圖解豐田生產方式	豐田生產方式研究會	300
QB1055X	感動力	平野秀典	250
QB1058	溫伯格的軟體管理學：第一級評量（第2卷）	傑拉爾德・溫伯格	800
QB1059C	金字塔原理 II：培養思考、寫作能力之自主訓練寶典	芭芭拉・明托	450
QB1061	定價思考術	拉斐・穆罕默德	320
QB1062C	發現問題的思考術	齋藤嘉則	450
QB1063	溫伯格的軟體管理學：關照全局的管理作為（第3卷）	傑拉爾德・溫伯格	650
QB1068	高績效教練：有效帶人、激發潛能的教練原理與實務	約翰・惠特默爵士	380
QB1069	領導者，該想什麼？：成為一個真正解決問題的領導者	傑拉爾德・溫伯格	380
QB1070X	你想通了嗎？：解決問題之前，你該思考的6件事	唐納德・高斯、傑拉爾德・溫伯格	320
QB1071X	假說思考：培養邊做邊學的能力，讓你迅速解決問題	內田和成	360
QB1073C	策略思考的技術	齋藤嘉則	450
QB1074	敢說又能說：產生激勵、獲得認同、發揮影響的3i說話術	克里斯多佛・威特	280
QB1075X	學會圖解的第一本書：整理思緒、解決問題的20堂課	久恆啟一	360
QB1076X	策略思考：建立自我獨特的insight，讓你發現前所未見的策略模式	御立尚資	360
QB1080	從負責到當責：我還能做些什麼，把事情做對、做好？	羅傑・康納斯、湯姆・史密斯	380
QB1082X	論點思考：找到問題的源頭，才能解決正確的問題	內田和成	360
QB1083	給設計以靈魂：當現代設計遇見傳統工藝	喜多俊之	350

經濟新潮社　　〈經營管理系列〉

書　號	書　　　　名	作　　者	定價
QB1084	關懷的力量	米爾頓·梅洛夫	250
QB1085	上下管理，讓你更成功！：懂部屬想什麼、老闆要什麼，勝出！	蘿貝塔·勤斯基·瑪圖森	350
QB1087	為什麼你不再問「為什麼？」：問「WHY？」讓問題更清楚、答案更明白	細谷 功	300
QB1089	做生意，要快狠準：讓你秒殺成交的完美提案	馬克·喬那	280
QB1091	溫伯格的軟體管理學：擁抱變革（第4卷）	傑拉爾德·溫伯格	980
QB1092	改造會議的技術	宇井克己	280
QB1093	放膽做決策：一個經理人1000天的策略物語	三枝匡	350
QB1094	開放式領導：分享、參與、互動——從辦公室到塗鴉牆，善用社群的新思維	李夏琳	380
QB1095	華頓商學院的高效談判學：讓你成為最好的談判者！	理查·謝爾	400
QB1096	麥肯錫教我的思考武器：從邏輯思考到真正解決問題	安宅和人	320
QB1098	CURATION策展的時代：「串聯」的資訊革命已經開始！	佐佐木俊尚	330
QB1100	Facilitation引導學：創造場域、高效溝通、討論架構化、形成共識，21世紀最重要的專業能力！	堀公俊	350
QB1101	體驗經濟時代（10週年修訂版）：人們正在追尋更多意義，更多感受	約瑟夫·派恩、詹姆斯·吉爾摩	420
QB1102X	最極致的服務最賺錢：麗池卡登、寶格麗、迪士尼都知道，服務要有人情味，讓顧客有回家的感覺	李奧納多·英格雷利·麥卡·所羅門	350
QB1103	輕鬆成交，業務一定要會的提問技術	保羅·雀瑞	280
QB1105	CQ文化智商：全球化的人生、跨文化的職場——在地球村生活與工作的關鍵能力	大衛·湯瑪斯、克爾·印可森	360
QB1107	當責，從停止抱怨開始：克服被害者心態，才能交出成果、達成目標！	羅傑·康納斯、湯瑪斯·史密斯、克雷格·希克曼	380
QB1108	增強你的意志力：教你實現目標、抗拒誘惑的成功心理學	羅伊·鮑梅斯特、約翰·堤爾尼	350

書　號	書　　名	作　者	定價
QB1109	Big Data 大數據的獲利模式：圖解‧案例‧策略‧實戰	城田真琴	360
QB1110	華頓商學院教你活用數字做決策	理查‧蘭柏特	320
QB1111C	V型復甦的經營：只用二年，徹底改造一家公司！	三枝匡	500
QB1112	如何衡量萬事萬物：大數據時代，做好量化決策、分析的有效方法	道格拉斯‧哈伯德	480
QB1114	永不放棄：我如何打造麥當勞王國	雷‧克洛克、羅伯特‧安德森	350
QB1115	工程、設計與人性：為什麼成功的設計，都是從失敗開始？	亨利‧波卓斯基	400
QB1117	改變世界的九大演算法：讓今日電腦無所不能的最強概念	約翰‧麥考米克	360
QB1118	現在，頂尖商學院教授都在想什麼：你不知道的管理學現況與真相	入山章榮	380
QB1119	好主管一定要懂的2×3教練法則：每天2次，每次溝通3分鐘，員工個個變人才	伊藤守	280
QB1120	Peopleware：腦力密集產業的人才管理之道（增訂版）	湯姆‧狄馬克、提摩西‧李斯特	420
QB1121	創意，從無到有（中英對照×創意插圖）	楊傑美	280
QB1122	漲價的技術：提升產品價值，大膽漲價，才是生存之道	辻井啟作	320
QB1123	從自己做起，我就是力量：善用「當責」新哲學，重新定義你的生活態度	羅傑‧康納斯、湯姆‧史密斯	280
QB1124	人工智慧的未來：揭露人類思維的奧祕	雷‧庫茲威爾	500
QB1125	超高齡社會的消費行為學：掌握中高齡族群心理，洞察銀髮市場新趨勢	村田裕之	360
QB1126	【戴明管理經典】轉危為安：管理十四要點的實踐	愛德華‧戴明	680
QB1127	【戴明管理經典】新經濟學：產、官、學一體適用，回歸人性的經營哲學	愛德華‧戴明	450
QB1128	主管厚黑學：在情與理的灰色地帶，練好務實領導力	富山和彥	320

經濟新潮社 〈經營管理系列〉

書　號	書　　名	作　者	定價
QB1129	系統思考：克服盲點、面對複雜性、見樹又見林的整體思考	唐內拉‧梅多斯	450
QB1131	了解人工智慧的第一本書：機器人和人工智慧能否取代人類？	松尾豐	360
QB1132	本田宗一郎自傳：奔馳的夢想，我的夢想	本田宗一郎	350
QB1133	BCG頂尖人才培育術：外商顧問公司讓人才發揮潛力、持續成長的祕密	木村亮示、木山聰	360
QB1134	馬自達Mazda技術魂：駕馭的感動，奔馳的祕密	宮本喜一	380
QB1135	僕人的領導思維：建立關係、堅持理念、與人性關懷的藝術	麥克斯‧帝普雷	300
QB1136	建立當責文化：從思考、行動到成果，激發員工主動改變的領導流程	羅傑‧康納斯、湯姆‧史密斯	380
QB1137	黑天鵝經營學：顛覆常識，破解商業世界的異常成功個案	井上達彥	420
QB1138	超好賣的文案銷售術：洞悉消費心理，業務行銷、社群小編、網路寫手必備的銷售寫作指南	安迪‧麥斯蘭	320
QB1139	我懂了！專案管理（2017年新增訂版）	約瑟夫‧希格尼	380
QB1140	策略選擇：掌握解決問題的過程，面對複雜多變的挑戰	馬丁‧瑞夫斯、納特‧漢拿斯、詹美賈亞‧辛哈	480
QB1141	別怕跟老狐狸說話：簡單說、認真聽，學會和你不喜歡的人打交道	堀紘一	320
QB1142	企業改造：組織轉型的管理解謎，改革現場的教戰手冊	三枝匡	650
QB1143	比賽，從心開始：如何建立自信、發揮潛力，學習任何技能的經典方法	提摩西‧高威	330
QB1144	智慧工廠：迎戰資訊科技變革，工廠管理的轉型策略	清威人	420
QB1145	你的大腦決定你是誰：從腦科學、行為經濟學、心理學，了解影響與說服他人的關鍵因素	塔莉‧沙羅特	380
QB1146	如何成為有錢人：富裕人生的心靈智慧	和田裕美	320

書　號	書　　名	作　　者	定價
QC1001	全球經濟常識100	日本經濟新聞社編	260
QC1004X	愛上經濟：一個談經濟學的愛情故事	羅素・羅伯茲	280
QC1014X	一課經濟學（50週年紀念版）	亨利・赫茲利特	320
QC1016X	致命的均衡：哈佛經濟學家推理系列	馬歇爾・傑逢斯	300
QC1017	經濟大師談市場	詹姆斯・多蒂、德威特・李	600
QC1019X	邊際謀殺：哈佛經濟學家推理系列	馬歇爾・傑逢斯	300
QC1020X	奪命曲線：哈佛經濟學家推理系列	馬歇爾・傑逢斯	300
QC1026C	選擇的自由	米爾頓・傅利曼	500
QC1027X	洗錢	橘玲	380
QC1031	百辯經濟學（修訂完整版）	瓦特・布拉克	350
QC1033	貿易的故事：自由貿易與保護主義的抉擇	羅素・羅伯茲	300
QC1034	通膨、美元、貨幣的一課經濟學	亨利・赫茲利特	280
QC1036C	1929年大崩盤	約翰・高伯瑞	350
QC1039	贏家的詛咒：不理性的行為，如何影響決策（2017年諾貝爾經濟學獎得主作品）	理查・塞勒	450
QC1040	價格的祕密	羅素・羅伯茲	320
QC1043	大到不能倒：金融海嘯內幕真相始末	安德魯・羅斯・索爾金	650
QC1044	你的錢，為什麼變薄了？：通貨膨脹的真相	莫瑞・羅斯巴德	300
QC1046	常識經濟學：人人都該知道的經濟常識（全新增訂版）	詹姆斯・格瓦特尼、理查・史托普、德威特・李、陶尼・費拉瑞尼	350
QC1048	搶救亞當斯密：一場財富與道德的思辯之旅	強納森・懷特	360
QC1049	了解總體經濟的第一本書：想要看懂全球經濟變化，你必須懂這些	大衛・莫斯	320
QC1051	公平賽局：經濟學家與女兒互談經濟學、價值，以及人生意義	史帝文・藍思博	320
QC1052	生個孩子吧：一個經濟學家的真誠建議	布萊恩・卡普蘭	290
QC1054C	第三次工業革命：世界經濟即將被顛覆，新能源與商務、政治、教育的全面革命	傑瑞米・里夫金	420

經濟新潮社　　　〈經濟趨勢系列〉

書　號	書　　名	作　者	定價
QC1055	預測工程師的遊戲：如何應用賽局理論，預測未來，做出最佳決策	布魯斯・布恩諾・德・梅斯奎塔	390
QC1056	如何停止焦慮愛上投資：股票＋人生設計，追求真正的幸福	橘玲	280
QC1057	父母老了，我也老了：如何陪父母好好度過人生下半場	米利安・阿蘭森、瑪賽拉・巴克・維納	350
QC1058	當企業購併國家（十週年紀念版）：從全球資本主義，反思民主、分配與公平正義	諾瑞娜・赫茲	350
QC1059	如何設計市場機制？：從學生選校、相親配對、拍賣競標，了解最新的實用經濟學	坂井豐貴	320
QC1060	肯恩斯城邦：穿越時空的經濟學之旅	林睿奇	320
QC1061	避稅天堂	橘玲	380
QC1062	平等與效率：最基礎的一堂政治經濟學（40週年紀念增訂版）	亞瑟・歐肯	320
QC1063	我如何在股市賺到200萬美元（經典紀念版）	尼可拉斯・達華斯	320
QC1064	看得見與看不見的經濟效應：為什麼政府常犯錯、百姓常遭殃？人人都該知道的經濟真相	弗雷德里克・巴斯夏	320

經濟新潮社　　　　　〈自由學習系列〉

書　號	書　　名	作　　者	定價
QD1001	想像的力量：心智、語言、情感，解開「人」的祕密	松澤哲郎	350
QD1002	一個數學家的嘆息：如何讓孩子好奇、想學習，走進數學的美麗世界	保羅·拉克哈特	250
QD1003	寫給孩子的邏輯思考書	苅野進、野村龍一	280
QD1004	英文寫作的魅力：十大經典準則，人人都能寫出清晰又優雅的文章	約瑟夫·威廉斯、約瑟夫·畢薩普	360
QD1005	這才是數學：從不知道到想知道的探索之旅	保羅·拉克哈特	400
QD1006	阿德勒心理學講義	阿德勒	340
QD1007	給活著的我們·致逝去的他們：東大急診醫師的人生思辨與生死手記	矢作直樹	280
QD1008	服從權威：有多少罪惡，假服從之名而行？	史丹利·米爾格蘭	380
QD1009	口譯人生：在跨文化的交界，窺看世界的精采	長井鞠子	300
QD1010	好老師的課堂上會發生什麼事？──探索優秀教學背後的道理！	伊莉莎白·葛林	380
QD1011	寶塚的經營美學：跨越百年的表演藝術生意經	森下信雄	320
QD1012	西方文明的崩潰：氣候變遷，人類會有怎樣的未來？	娜歐蜜·歐蕾斯柯斯、艾瑞克·康威	280
QD1013	逗點女王的告白：從拼字、標點符號、文法到髒話……英文，原來這麼有意思！	瑪莉·諾里斯	380
QD1014	設計的精髓：當理性遇見感性，從科學思考工業設計架構	山中俊治	480
QD1015	時間的形狀：相對論史話	汪潔	380
QD1016	愛爺爺奶奶的方法：「照護專家」分享讓老人家開心生活的祕訣	三好春樹	320
QD1017	霸凌是什麼：從教室到社會，直視你我的暗黑之心	森田洋司	350
QD1018	編、導、演！眾人追看的韓劇，就是這樣誕生的！：《浪漫滿屋》《他們的世界》導演暢談韓劇製作的祕密	表民秀	360

經濟新潮社	〈自由學習系列〉		
書　號	書　　　名	作　　者	定價
QD1019	**多樣性**：認識自己，接納別人，一場社會科學之旅	山口一男	330
QD1020	**科學素養**：看清問題的本質、分辨真假，學會用科學思考和學習	池內了	330

國家圖書館出版品預行編目資料

最極致的服務最賺錢：麗池卡登、寶格麗、迪士尼
都知道，服務要有人情味，讓顧客有回家的感覺
／李奧納多‧英格雷利（Leonardo Inghilleri）、
麥卡‧所羅門（Micah Solomon）著；陳琇玲譯.
－－ 二版. －－ 臺北市：經濟新潮社出版：家庭傳
媒城邦分公司發行, 2018.05
　　面；　　公分. －－（經營管理；102）
　　譯自：Exceptional service, exceptional profit: the
secrets of building a five-star customer service organization
　ISBN 978-986-96244-2-8（平裝）

　1. 顧客服務　2. 顧客滿意度

496.7　　　　　　　　　　　　　　　　107006772